Michael Leers

Therm. Ausdehnungsangepasste Wärmesenken für Hochleistungsdiodenlaser

Michael Leers

Therm. Ausdehnungsangepasste Wärmesenken für Hochleistungsdiodenlaser

Südwestdeutscher Verlag für Hochschulschriften

Impressum / Imprint
Bibliografische Information der Deutschen Nationalbibliothek: Die Deutsche Nationalbibliothek verzeichnet diese Publikation in der Deutschen Nationalbibliografie; detaillierte bibliografische Daten sind im Internet über http://dnb.d-nb.de abrufbar.
Alle in diesem Buch genannten Marken und Produktnamen unterliegen warenzeichen-, marken- oder patentrechtlichem Schutz bzw. sind Warenzeichen oder eingetragene Warenzeichen der jeweiligen Inhaber. Die Wiedergabe von Marken, Produktnamen, Gebrauchsnamen, Handelsnamen, Warenbezeichnungen u.s.w. in diesem Werk berechtigt auch ohne besondere Kennzeichnung nicht zu der Annahme, dass solche Namen im Sinne der Warenzeichen- und Markenschutzgesetzgebung als frei zu betrachten wären und daher von jedermann benutzt werden dürften.

Bibliographic information published by the Deutsche Nationalbibliothek: The Deutsche Nationalbibliothek lists this publication in the Deutsche Nationalbibliografie; detailed bibliographic data are available in the Internet at http://dnb.d-nb.de.
Any brand names and product names mentioned in this book are subject to trademark, brand or patent protection and are trademarks or registered trademarks of their respective holders. The use of brand names, product names, common names, trade names, product descriptions etc. even without a particular marking in this work is in no way to be construed to mean that such names may be regarded as unrestricted in respect of trademark and brand protection legislation and could thus be used by anyone.

Coverbild / Cover image: www.ingimage.com

Verlag / Publisher:
Südwestdeutscher Verlag für Hochschulschriften
ist ein Imprint der / is a trademark of
OmniScriptum GmbH & Co. KG
Heinrich-Böcking-Str. 6-8, 66121 Saarbrücken, Deutschland / Germany
Email: info@svh-verlag.de

Herstellung: siehe letzte Seite /
Printed at: see last page
ISBN: 978-3-8381-3629-5

Zugl. / Approved by: RWTH-Aachen, Diss., 2012

Copyright © 2013 OmniScriptum GmbH & Co. KG
Alle Rechte vorbehalten. / All rights reserved. Saarbrücken 2013

1 EINLEITUNG ... 3
1.1 MOTIVATION ... 3
1.2 ZIELSETZUNG ... 5
1.3 VORGEHENSWEISE ... 7
2 STAND DER TECHNIK ... 10
2.1 DIODENLASER - PRINZIPIELLER AUFBAU ... 10
2.2 HOCHLEISTUNGSDIODENLASER ... 13
2.3 WÄRMESENKEN ... 15
2.3.1 Mikrokanalwärmesenken ... 16
2.3.2 Passive Wärmesenken ... 18
2.4 MONTAGEPROZESS DES LASERBARRENS ... 21
2.5 LOTE ... 22
2.5.1 Indium ... 23
2.5.2 Gold-Zinn ... 24
2.6 N-KONTAKTIERUNG DES LASERBARRENS ... 26
3 BEWERTUNGSKRITERIEN FÜR WÄRMESENKEN ... 29
3.1 THERMISCHER WIDERSTAND R_{TH} ... 29
3.1.1 Elektro-optische Charakterisierung ... 33
3.2 THERMISCHER AUSDEHNUNGSKOEFFIZIENT a ... 34
3.2.1 Speckle-Interferometer ... 35
3.3 VERSPANNUNGSANALYSE DES LASERBARRENS ... 37
3.4 WERKSTOFFANALYSE ... 39
3.5 VEKTORIELLE STRÖMUNGSABBILDUNG MIT PARTICLE IMAGE VELOCIMETRY 42
4 DESIGN VON WÄRMESENKEN ... 50
4.1 PASSIVE WÄRMESENKEN ... 51
4.1.1 Wärmesenken aus Diamant Komposite Materialien ... 52
4.1.2 Wärmesenken aus Molybdän-Kupfer ... 59
4.1.3 Beidseitige passive Kühlung mit WCu Wärmesenken ... 61
4.2 AKTIVE WÄRMESENKEN ... 64
4.2.1 Wärmesenken aus Molybdän-Kupfer ... 64
4.2.2 SLM Wärmesenke ... 70
4.2.3 Mikro-Metallpulverspritzguss Wärmesenke ... 73
5 FERTIGUNG ... 78
5.1 PASSIVE WÄRMESENKEN ... 78
5.1.1 Wärmesenken aus Diamant Komposite Materialien ... 78
5.1.2 Wärmesenken aus Molybdän-Kupfer ... 81

5.1.3 Beidseitige passive Kühlung mit WCu Wärmesenken 82
5.2 AKTIVE WÄRMESENKEN 83
  5.2.1 Wärmesenken aus Molybdän-Kupfer 83
  5.2.2 SLM Wärmesenke 84
  5.2.3 Mikro-Metallpulverspritzguss Wärmesenke 86

6 METALLISIERUNG UND LASERMONTAGE 95

6.1 PASSIVE WÄRMESENKEN 95
  6.1.1 Wärmesenken aus Diamant Komposite Materialien 95
  6.1.2 Wärmesenken aus Molybdän-Kupfer 96
  6.1.3 Beidseitige passive Kühlung mit WCu Wärmesenken 97
6.2 AKTIVE WÄRMESENKEN 99
  6.2.1 Wärmesenken aus Molybdän-Kupfer 99
  6.2.2 SLM-Wärmesenke 101
  6.2.3 Mikro-Metallpulverspritzguss Wärmesenke 104

7 ANALYSE UND ANWENDUNG 108

7.1 PASSIVE WÄRMESENKEN 108
  7.1.1 Wärmesenken aus Diamant Komposite Materialien 108
  7.1.2 Passive Wärmesenke aus Molybdän-Kupfer 109
  7.1.3 Beidseitige passive Kühlung mit WCu Wärmesenken 110
7.2 AKTIVE WÄRMESENKEN 112
  7.2.1 Wärmesenken aus Molybdän-Kupfer 112
  7.2.2 SLM-Wärmesenke 116
  7.2.3 Mikro-Metallpulverspritzguss Wärmesenke 117

8 ZUSAMMENFASSUNG UND AUSBLICK 120

9 ANHANG 124

A GLOSSAR 124
B ERGEBNISSE ELEKTRO-OPTISCHE CHARAKTERISIERUNG 127
C ERGEBNISSE DER FEM-BERECHNUNGEN 131
D MATERIALEIGENSCHAFTEN 136
E LITERATURVERZEICHNIS 142

1 Einleitung

1.1 Motivation

Diodenlaser, bestehend aus einem Laserbarren und elektrischem p- und n-Kontakt, haben in den letzten 10 Jahren ihre Einsatzbereiche und damit auch den Umsatz rasant gesteigert. Ob als Direktanwendung oder zum Pumpen von Festkörperlasern werden sie in mehr als 50 % aller derzeit kommerziell verfügbaren Lasersystemen verwendet. Beim exemplarischen Blick auf die Makrobearbeitung in der Laseranwendung (ca. 75% des Gesamtumsatzes) mit seinen Einsatzgebieten wie z.B. Schneiden und Schweißen, wird diese Entwicklung deutlich. Wurden im Jahre 2000 nur vereinzelt diodenlaserbasierte Systeme zur Makrobearbeitung eingesetzt, werden sie mittlerweile in mehr als der Hälfte der Lasersysteme verwendet. Bis zum Jahre 2015 ist mit einem Marktanteil von über 70% zu rechnen (Abbildung 1-1) [1].

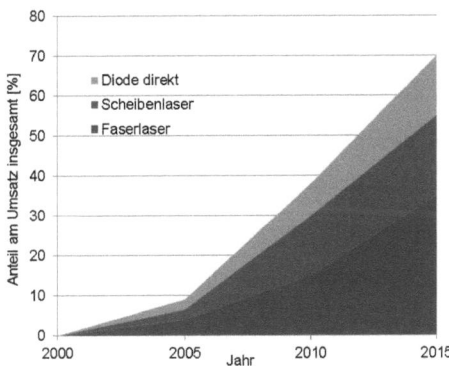

Abbildung 1-1: Entwicklung der Marktanteile für Makrobearbeitung von Lasersystemen mit Dioden von 2000 bis 2012 und Prognose bis 2015 [1]

Der Grund ist der einfache Aufbau, der kostengünstige und wettbewerbsfähige Systeme ermöglicht, mit der Randbedingung, dass die Strahlqualität die Voraussetzungen der Anwendung erfüllt. Die große

Effizienz (> 60%) von Diodenlasern unterstützt den stetig wachsenden Marktanteil z.B. im Vergleich zu CO_2-Lasern. Insbesondere die fortlaufende Verbesserung der Strahlqualität und das wachsende Spektrum an verfügbaren Wellenlängen erschließt neue Anwendungsfelder. Die Laserindustrie hat in den letzten Jahren Diodenlaser als treibende Kraft zur Reduzierung der Kosten pro Watt optischer Ausgangsleistung P_{opt} identifiziert [2, 3].

Die Vorteile der diodenlaserbasierten Systeme sind:

- Einfaches und robustes Design
- Kosteneffizienz hinsichtlich optischer Ausgangsleistung zu Herstellungskosten
- Große elektro-optische Effizienz (> 60%)
- Einfache Integration und großer Grad an Automatisierbarkeit in der Herstellung von Diodenlasersystemen

Parallel beginnen Hochleistungsdiodenlaser (HLDL) sich in Konsumerprodukten zu etablieren, wie z.B. im Kosmetikbereich zur Haarentfernung oder Hautstraffung. Die besondere Herausforderung hierbei stellt die notwendige Kostenreduktion dar, ohne die ein Vordringen in diese Märkte nicht möglich ist. Der daraus resultierende allgemeine Preisverfall wird der Laserindustrie wiederum neue Anwendungsfelder eröffnen [4].

Die hinsichtlich der Anforderungen und Aufgaben neuartigen Diodenlasersysteme benötigen neu entwickelte Wärmesenken. Dabei sind die Steigerung der Lebensdauer z.B. durch Anpassung der thermischen Ausdehnung der Wärmesenke an den Laserbarren, die Reduzierung von Herstellungskosten, ein geringerer thermischer Widerstand Rth und die notwendige Angleichung des Designs der Wärmesenken Arbeitspunkte, die durch unterschiedliche Gewichtungen verschiedene Lösungen ermöglichen. Zusätzlich müssen bestehende Lösungen weiter verbessert werden, um auch hier Lebensdauer und Herstellungskosten den wachsenden Anforderungen entsprechend anzupassen.

1.2 Zielsetzung

Wärmesenken sind zum einem der elektrische p-Kontakt des Laserbarrens und zum anderem führen sie die thermischen Verlustleistung P_{therm} ab. Die p-seitige Kontaktierung erfolgt über die Lötung des Laserbarrens auf die Wärmesenke. Über das Lot wird gleichzeitig die thermische Verlustleistung P_{therm} zur Wärmesenke abgeführt. Wärmesenken werden aus einem gut wärmeleitenden Material wie z.B Kupfer (λ = 400 W/mK) hergestellt und besitzen eine dünne (<500 nm) Goldmetallisierung. Generell wird zwischen zwei Wärmesenkentypen unterschieden, wassergekühlte (aktive) und konduktiv gekühlte (passive) Wärmesenken. Bei den Aktiven befinden sich Mikrokanäle in den Wärmesenken in dem Bereich, wo der Laserbarren montiert wird. Durch diese Kanäle fließt das Kühlwasser, um die thermische Verlustleistung P_{therm} abzuleiten. Der Abstand zwischen den Kanälen und der Unterseite der Laserbarren ist möglichst gering, um eine effiziente thermische Anbindung zu gewährleisten. Bei den passiven Wärmesenken wird über die Höhe der Wärmesenke die thermische Verlustleistung P_{therm} über das Volumen gespreizt, um diese über eine größere Fläche abzuleiten.

Dem immer breiter werdenden Einsatzgebiet von Diodenlasern wird im Rahmen dieser Arbeit Rechnung getragen, indem Wärmesenken für unterschiedliche Einsatzgebiete entwickelt werden. Die Anpassung der thermischen Dehnung von Laserbarren und Wärmesenke ist dabei das notwendige Ziel in der Entwicklung, dass allen Wärmesenkentypen gemein ist. Die individuelle Weiterentwicklung von aktiven Wärmesenken mit Mikrokanälen zielt insbesondere auf eine Steigerung der Lebensdauer bei gleichzeitig konstantem oder wenn möglich verbessertem thermischen Widerstand R_{th}. Die Lebensdauersteigerung eines gesamten Diodenlasers soll zum einem durch die Anpassung des thermischen Ausdehnungskoeffizienten α der Wärmesenke an den des Laserbarrens, zum anderen durch eine Reduzierung von Erosion und Korrosion innerhalb der Mikrokanäle erreicht werden. Für die passiven Wärmesenken stehen neuartige Materialien bzw. Materialkombinationen zur Verfügung, die neben der Verwendung von Gold-Zinn Lot auch einen verbesserten thermischen Widerstand R_{th} ermöglichen können. Hier werden, motiviert durch diverse Aufgabenfelder, auch unterschiedliche Kosten für Wärmesenken akzeptiert. Unabhängig von dem Typ müssen Wärmesenken Grundvoraussetzungen erfüllen, um für den Einsatz in Diodenlasern geeignet zu sein. Dazu zählt eine präzise Fertigung mit einer geringen Oberflächenrauheit R_Z und Kantenverrundung R_K sowie eine abschließende Gold-Metallisierung (Tabelle 1-1).

	Thermischer Widerstand R_{th} [K/W]	Thermischer Ausdehnungskoeffizient α [ppm/K]	Oberflächenbeschaffenheit R_z [µm]	Lebensdauer T [h]
Aktive Kupferwärmesenke	0,3 - 0,5	17	0,4	> 25.000
Aktive Kupferwärmesenke mit WCu Submount	0,4 - 0,6	6 - 7	0,4	> 25.000
Passive Kupferwärmesenke	0,7	17	0,4	>40.000
Ziele zur Verbesserung				
aktive Wärmesenke	0,3 - 0,5	5 - 8	0,4	> 50.000
passive Wärmesenke	< 0,7	5 - 8	0,4	> 50.000
Kostengünstige passive Wärmesenke	~ 0,5	5 - 8	> 0,4	~ 200

Tabelle 1-1: Übersicht der bisher erreichten Eigenschaften von Wärmesenken und den Zielen für neue Wärmesenken

Beiden Kühlarten ist gemein, dass die Montage des Laserbarrens ein entscheidender Prozessschritt in der Herstellung eines HLDL ist. Kriterien, die erfüllt werden müssen, sind die fehlstellenfreie Montage des Laserbarrens, seine Ausrichtung auf der Wärmesenke und mögliche mechanische Verspannungen aufgrund von unterschiedlichen thermischen Ausdehnungskoeffizienten α.

1.3 Vorgehensweise

Alle Wärmesenken durchlaufen von der Konzeptionierung bis zur Umsetzung die gleichen Arbeits- und Prozessschritte, die in Abbildung 1-2 dargestellt sind.

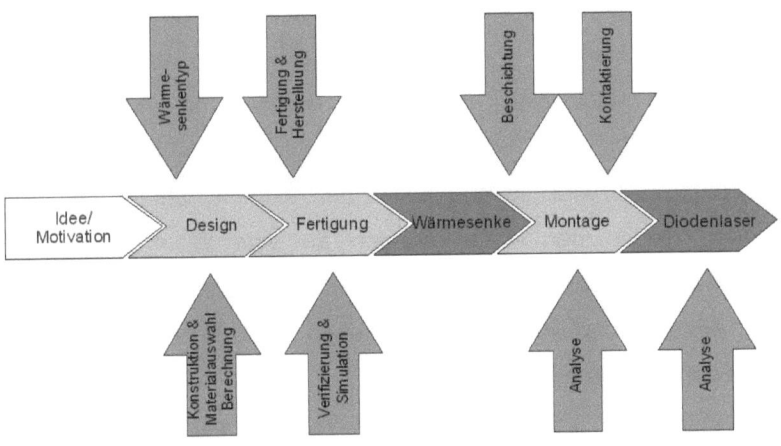

Abbildung 1-2: Prozessschritte zur Entwicklung einer Wärmesenke

Die Prozessschritte beschreiben die Entwicklung von der Idee bzw. Motivation einen neuen Wärmesenkentyp zu entwickeln, bis hin zum finalen Diodenlaser.

Im Rahmen dieser Arbeit werden Alternativen zu den bestehenden Wärmesenkenkonzepten untersucht. Dabei werden die Herstellungsverfahren Mikro-Metallpulverspritzguss (µ-MIM) und Selective Laser Melting (SLM) für ausdehnungsangepasste Materialkombinationen eingesetzt. Ein weiterer untersuchter Ansatz ist das Verwenden von Molybdän im Zusammenspiel mit Kupfer zum Anpassen der thermischen Ausdehnung. Ebenso werden Diamant Komposite, sogenannte High Performance Materialien, bezüglich ihrer Eignung als Wärmesenkenmaterial für passive Wärmesenken analysiert. Eine mögliche Verbesserung des thermischen Widerstandes R_{th} bei passiven Wärmesenken durch eine zusätzliche Wärmesenke als n-Kontakt wird ebenfalls detailliert untersucht.

Die Auswahl der diskutierten Wärmesenkentypen ist exemplarisch für die erwartete Entwicklung von Diodenlasern in der näheren Zukunft. Das Spektrum reicht von sehr großen thermischen Lasten über günstige Produktionskosten bis hin zum Erreichen langer Lebensdauer. Allen gemein in dieser Arbeit ist eine Anpassung des thermischen Ausdehnungskoeffizienten α. Dies ermöglicht die Verwendung des langzeitstabileren Gold-Zinn Lots und damit eine Steigerung der Lebensdauer.

Als Ausgangspunkt wird im Kapitel 2 der aktuelle Stand der Technik beschrieben. Neben den Anforderungen an eine Wärmsenke, die zur Montage eines Laserbarrens notwendig sind, werden auch die Unterschiede zwischen passiv konduktiven Wärmesenken und aktiv wassergekühlten Mikrokanalwärmesenken erläutert.

Zur Bestimmung der Charakteristika der Wärmesenken sind Mess- und Bewertungskriterien notwendig. Insbesondere der thermische Ausdehnungskoeffizient α, der thermische Widerstand R_{th} und die Analyse der Verspannung des Diodenlasers sind wichtige Kriterien. Die Messmethodik und die Aus- und Bewertung der Ergebnisse sind in Kapitel 3 dargestellt.

Mit dem Design der Wärmesenke in Kapitel 4 beginnt der erste Prozessschritt zur Entwicklung eines Diodenlasers. Wichtige Bestandteile sind die konstruktive und thermomechanische Auslegung. Dabei wird nach Abschluss eines Entwurfes, dieser in FEM-Berechnungen hinsichtlich thermischen Widerstands R_{th} und Ausdehnungskoeffizienten α verifiziert.

Der nachfolgende Prozessschritt ist die Fertigung und Herstellung der Wärmesenke. Neben zwei grundsätzlich unterschiedlichen Kühlkonzepten kommen auch verschiedenartige Materialien zum Einsatz, die ebenfalls eine individuelle Fertigung und thermische Anpassung benötigen. Dabei müssen alle in dieser Arbeit entwickelten Wärmesenken den Anforderungen hinsichtlich Ebenheit, Oberflächenqualität und Parallelität gerecht werden. Dies wird in Kapitel 5 beschrieben.

Für die Montage des Laserbarrens auf einer Wärmesenke ist eine lötfähige Metallisierung für den Lötprozess notwendig. Aufgrund der Tatsache, dass unterschiedliche Werkstoffe zur Herstellung der Wärmesenken verwendet werden, wird in Kapitel 6 detailliert auf die Metallisierung und Laserbarrenmontage eingegangen.

Am Ende der Prozessschritte steht ein funktionsfähiger Diodenlaser, bestehend aus Wärmesenke, Laserbarren und einer n-seitigen Kontaktierung. In Kapitel 7 werden die Diodenlaser durch eine elektro-optische Charakterisierung experimentell analysiert. Sie liefert entscheidende Erkenntnisse zu wichtigen Kenngrößen der Wärmesenke, wie dem thermischen Widerstand R_{th} und Verspannungen im Laserbarren.

2 Stand der Technik

2.1 Diodenlaser - prinzipieller Aufbau

Um einen Laserbarren betreiben zu können, werden die elektrischen Kontakte beim Fügeprozess mit der Wärmesenke (p-Kontakt) und z.B. einem Deckelblech (n-Kontakt) verbunden (Abbildung 2-1). Dabei dient die Wärmesenke als Anodenkontakt. Da sich die Emitter ebenfalls auf der p-Seite befinden, ist ein direkter Abtransport der thermischen Verlustleistung P_{therm} sichergestellt. Anschließend wird die n-Seite in einem zweiten Montageschritt als Kathodenkontakt verbunden [5].

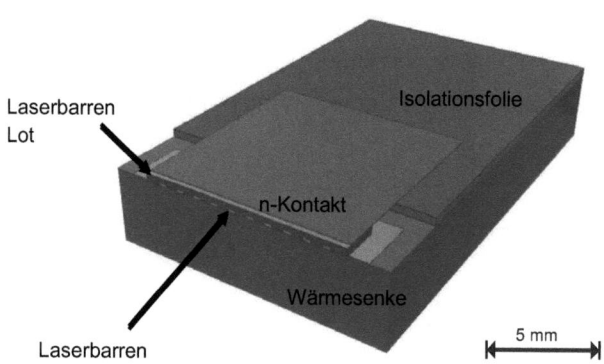

Abbildung 2-1: Aufbau eines Diodenlasers

Der Montageprozess beginnt mit dem Aufbringen der Lotschicht auf den vorderen Teil der Wärmesenke. Mindestens die Grundfläche des Laserbarrens wird dabei mit Lot beschichtet. Die Schichtdicke beträgt zwischen 5 und 10 µm. Im nächsten Schritt wird der Laserbarren z.B. in einer Barrenmontageanlage mittels eines Vakuumgreifers auf der Wärmsenke platziert, welche über die Schmelztemperatur des verwendeten Lotes erwärmt wird [6, 7].

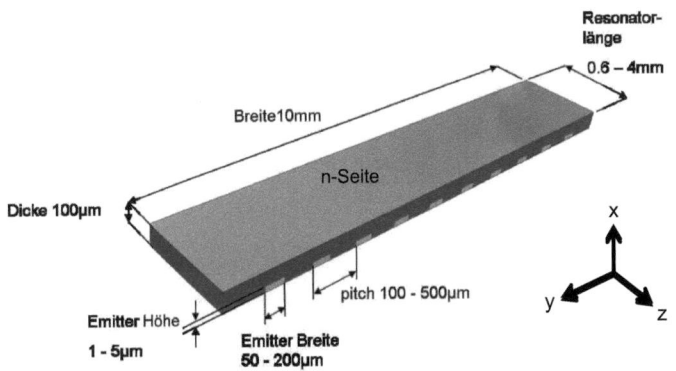

Abbildung 2-2: Aufbau eines Laserbarrens

Laserbarren haben in der Regel eine Dicke von ca. 100 µm, eine Resonatorlänge von bis zu 4 mm bei einer Breite von 10 mm (Abbildung 2-2). Aufgrund des Herstellungsprozesses können sie leicht verformt sein und eine Deformation in lateraler x-Richtung aufweisen, die je nach Größe einen störenden Einfluss auf die Strahlqualität in optischen Systemen hat. Als weitere Ursache für Deformationen des Laserbarrens gelten die thermomechanischen Kräfte, die das Lot und die Wärmesenke beim Abkühlen auf den Barren ausüben. Die Deformation in lateraler Richtung wird auch als Smile bezeichnet. Die Größenordnung liegt im Bereich einiger Mikrometer. Angestrebt wird ein Smile von weniger als 1 µm (Abbildung 2-3). Um keine Deformation durch die Wärmesenke zu verursachen, werden daher die Oberflächen mit Ultrapräzisionswerkzeugen bearbeitet.

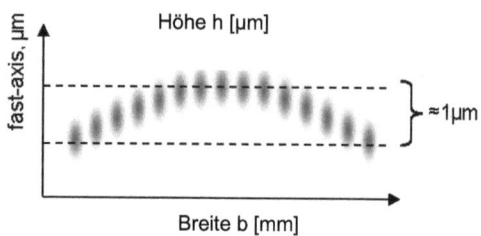

Abbildung 2-3: Smile eines Laserbarrens (Breite b = 10mm). Die Emitter sind in dem bogenförmigen Verlauf sichtbar [8].

Ein weiterer Aspekt ist der Unterschied der thermischen Ausdehnungskoeffizienten α der verschiedenen Materialien. Herkömmliche Wärmesenken sind aus Kupfer gefertigt, während Hochleistungslaserbarren überwiegend aus GaAs-Substratmaterial bestehen. Beim Abkühlen auf Raumtemperatur ziehen sich Laserbarren und Wärmesenke gemäß ihrer Ausdehnungskoeffizienten α zusammen, wobei es zu einer uniaxialen, Druckverspannung des Laserbarrens kommt. Die Längenänderung dl wird berechnet über den Temperaturunterschied dT und den thermischen Ausdehnungskoeffizienten α über die Länge L_0.

Formel 2-1 $\quad dl = \alpha \cdot dT \cdot L_0$

Die Formel 2-1 liefert die Längenänderungen für unterschiedliche Materialien wie in Tabelle 2-1 dargestellt. In ihr sind die Ausdehnungskoeffizienten α der wichtigsten Wärmesenkenmaterialien im Vergleich zu GaAs aufgelistet. Die rechte Spalte gibt die Längenänderung des Materials an, bezogen auf eine Länge L_0 von 10 mm beim Abkühlen von 150 °C auf 20 °C. Der Unterschied in der Längenkontraktion dl des Wärmesenkenmaterials (Kupfer) und des Barrenmaterials (GaAs) beträgt ca. 13 μm (21,2 μm − 8,5 μm).

	Wärmeleitfähigkeit κ [W/m/K]	thermischer Ausdehnungskoeffizient	dl [µm]
Cu	401	16,3	21,2
GaAs	50	6,8	8,5
W	170	4,5	5,9
Mo	130	5,2	6,8
Diamant	2000	1-2,3	1,3-3,0

Tabelle 2-1: Wärmeausdehnungskoeffizient α und Wärmeleitfähigkeit κ einiger Materialien [9].

Die Verspannung des Laserbarrens durch die Wärmesenke kann zu Defekten in der Halbleiterstruktur führen, die die Lebensdauer der Diodenlaser herabsetzten. Diese Verspannung kann durch die Verwendung von Weichloten wie Indium teilweise kompensiert werden.

Der Pumpmechanismus eines Halbleiterlasers ist rein elektrisch und besteht aus der Injizierung von Elektron-Loch-Paaren in den pn-Übergang, die so genannte aktive Zone. In transversaler, in manchen Fällen auch in lateraler Richtung, wird der Resonator durch eine Wellenleiterstruktur geformt. Mit Wellenleiter und Quantenfilm ergibt sich eine Emitterhöhe von 1 bis 2 µm [10, 11, 12].

Für die transversale Richtung ist die Bezeichnung fast-axis, für die laterale slow-axis. Die Begriffe fast und slow rühren von der Strahldivergenz her. Die Leistungsgrenze bei derzeit möglichen Stromdichten liegt pro Emitter bei etwa 10 W. Bei Laserbarren mit 25 Emittern sind also optische Ausgangsleistungen P_{opt} von über 200 W möglich. Diese Leistungen werden bei Laserbarren mit großen Wirkungsgraden von bis zu 50- 70 % erreicht [13, 14].

2.2 Hochleistungsdiodenlaser

Hochleistungsdiodenlaser werden direkt als Strahlquelle eingesetzt oder als Pumpquelle für andere Festkörperlasermedien, wie z.B. in Nd:YAG-Slablasern, Scheibenlasern und Faserlasern. Im Hochleistungsbereich werden Laserbarren verwendet, die typischerweise eine Breite von ca.

10 mm aufweisen. Die Resonatorlänge R_L variiert von 1 – 4 mm. Ein Großteil der eingesetzten Laserbarren besitzt eine Resonatorlänge R_L von 2 mm. Auf einen 10 x 2 mm² großen Chip sind 20 - 50 einzelne Laserdioden (Emitter) integriert, die optische Ausgangsleistungen P_{opt} von 80 - 150 W aus einem Chip ermöglichen (Abbildung 2-4) [13, 14, 15].

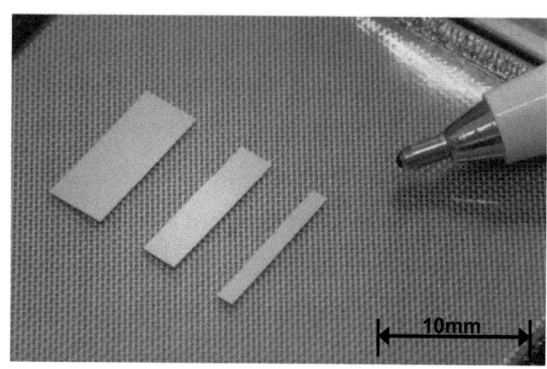

Abbildung 2-4: Drei Laserbarren mit einer Breite von 10 mm und einer Resonatorlänge R_L von 4 mm, 2,5 mm und 1,2 mm (v.l.n.r.)

Bei einer typischen Leistungseffizienz η der Diodenlaser von ca. 60 % entsteht eine thermische Verlustleistung P_{therm} von ca. 80 W bei einer Stromstärke von 100 A, die mittels leistungsfähiger Kühlkörper abgeführt werden muss. Abhängig von den Leistungsdichten werden aktive oder passive Wärmesenken eingesetzt [16, 17].

Die thermische Verlustleistung P_{therm} ist bei Laserbarren etwa so groß, wie die optische Ausgangsleistung P_{opt}. Trotz verbesserter Kühlverfahren für HLDL führt dies zu einem Temperaturanstieg in der aktiven Zone der Laserbarren. Zu den Ursachen der Erwärmung zählen strahlende und nichtstrahlende Rekombinationsprozesse im Quantenfilm- und Volumenmaterial, Leckströme, sowie die Erwärmung durch den elektrischen Widerstand in allen Regionen der Laserstruktur [11].

Dieser Temperaturanstieg hat einen starken Einfluss auf die Eigenschaften des Lasers, wie Wellenlänge, Slope Efficiency oder Konversionseffizienz. Bei HLDL mit GaAs-Materialsystem wird eine Änderung der Wellenlänge mit etwa $d\lambda/dT \approx 0{,}3$ nm/K beobachtet [8, 18].

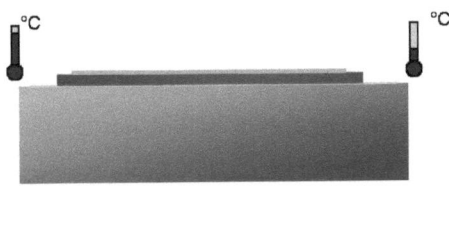

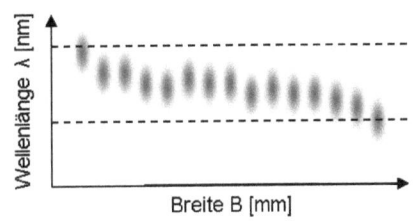

Abbildung 2-5: Inhomogene Kühlung (Hot-Spots) über die Breite b des Laserbarrens

Abbildung 2-5 zeigt den Einfluss einer inhomogenen Kühlung über die Breite b des Laserbarrens. Mögliche Ursachen können Fehlstellen im Lotinterface zwischen Laserbarren und Wärmesenke sein oder ein nicht ideales Design der Wärmesenke. Dies kann zu einer Verschiebung der Wellenlänge λ innerhalb eines Laserbarrens führen.

2.3 Wärmesenken

Wärmesenken werden aus sauerstofffreiem Kupfer (Cu-OFE) hergestellt. Die Fertigung und Endbearbeitung unterliegt engen Toleranzen. Die Parallelität der Montagefläche zur Stirnfläche muss besser sein als 1 µm. Beide Flächen werden im Ultrapräzisionsverfahren endbearbeitet, so dass diese eine Oberflächenrauheit von $R_z = 0{,}4$ µm erreichen. Die Kantenverrundung zwischen den beiden Flächen muss geringer sein als 0,2 µm. Die präzisen Kanten und Flächen sind notwendig für die genaue Montage des Laserbarrens. Nach der mechanischen Bearbeitung folgt die lotfähige Beschichtung der Wärmesenke. Bei Kupferwärmesenken werden diese in der Regel zunächst mit einer Nickelschicht (2 - 5µm) als Diffusionssperre galvanisch beschichtet. Diese Beschichtung erfolgt in einem rein chemischen Prozess und gewährleistet so eine gleichmäßige Schichtdicke rund um den ganzen Wärmesenkenkörper. Im zweite Schritt werden die Wärmesenken mit einer dünnen (< 0,5 µm) Goldschicht in einer Stromgalvanik beschichtet. Zusätzlich zu montierende mit Gold metallisierte Wolfram-Kupfer (WCu) Submounts haben in der Regel die Abmessungen 10 x 3 mm^2 und eine Dicke d von ca. 300 µm.

Die Lote werden in einem Aufdampfprozess auf die Wärmesenken bzw. den Submounts aufgebracht. Dazu werden die zu bedampfenden Flächen maskiert. Die Lotschichtdicke liegt im Bereich von 5 - 10 µm und variiert über die gesamte Fläche um weniger als 1 µm.

2.3.1 Mikrokanalwärmesenken

Nach dem Stand der Technik werden Mikrokanalwärmesenken für Diodenlaser aus Kupferblechen hergestellt. Im ersten Schritt werden die einzelnen Blechlagen mittels Ätzen oder Laserstrahlschneiden strukturiert, um die innere Kanalstruktur zu erzeugen. Die Breite der Strukturen liegt zwischen 100 µm und 500 µm. Das durchströmende Kühlwasser führt über die Oberflächen der Mikrokanäle die thermische Verlustleistung P_{therm} ab. In einem zweiten Schritt werden die einzelnen Lagen mittels spezieller Fügeverfahren wie z. B. Direct Copper Bonding (DCB) oder Diffusionsschweißen miteinander verbunden [19]. Die so hergestellte Rohwärmesenke wird mechanisch bearbeitet, um die äußere Kontur, die benötigten Oberflächenqualitäten und Ebenheiten herzustellen. Abschließend wird die Wärmesenke galvanisch beschichtet, zum Beispiel mit Nickel und

Gold, um lötbare und korrosionsbeständige Oberflächen zu erhalten (Abbildung 2-6).

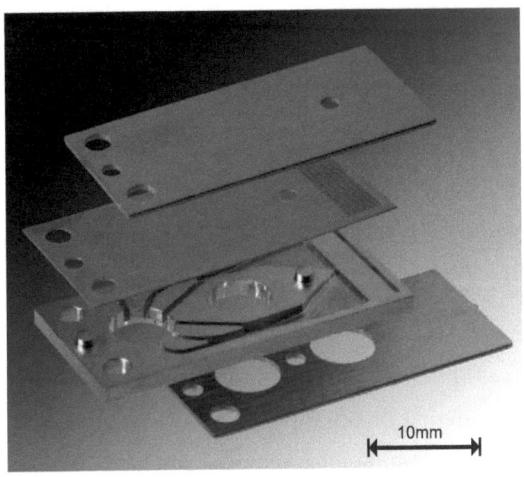

Abbildung 2-6: Aufbau einer Mikrokanalwärmesenke aus Kupfer

Die konventionelle Herstellung limitiert sowohl die Auswahl der einsetzbaren Materialien als auch die Geometrie der inneren Kanäle. Ein Wechsel auf korrosionsbeständigere und ausdehnungsangepasste Materialien ist wegen der erforderlichen Verbindungstechnik nur schwer möglich. Die Gestalt der inneren Kanäle ist auf das beschränkt, was aus einzelnen Lagen realisierbar ist. Hierdurch werden zwangsläufig Angriffspunkte für Erosion und nachfolgende Korrosion geboten. Zudem erfordert die konventionelle Herstellung grundsätzlich zwei Schritte (Strukturieren und Fügen), wobei insbesondere der Fügeprozess kritisch hinsichtlich der langfristigen Dichtigkeit der Wärmesenken ist.

Aktuell eingesetzte Wärmesenken weisen zwei wesentliche, technisch bedingte Schwächen auf:

1. Falls der Aufbau keine Kompensation der unterschiedlichen thermischen Ausdehnungskoeffizienten α beinhaltet, besteht eine große

Differenz zwischen Kupfer (α = 17 ppm/K) und Laserbarren (GaAs α = 6,8 ppm/K). Dies führt zu thermisch induzierten, mechanischen Spannungen im Laserbarren, die insbesondere im Fall häufiger Lastwechsel die Lebensdauer deutlich verkürzen. Durch die fehlende Anpassung der Ausdehnungskoeffizienten wird der Einsatz langlebiger und zuverlässiger Hartlote (z. B. AuSn) für das Auflöten der Laserbarren auf die Wärmesenke verhindert. Alternative Materialien mit einem an GaAs angepassten thermischen Ausdehnungskoeffizienten α wie Wolfram-Kupfer (WCu) oder Molybdän-Kupfer (MoCu) sind teuer und schwer bearbeitbar. Sowohl das Einbringen der Kühlstruktur als auch die Endbearbeitung mit guter Oberflächenqualität sind bei diesen Materialien extrem aufwendig.

2. Die gute notwendige Kühlleistung (ca. 500 W/cm^2) auf kleinem Raum setzt eine große Strömungsgeschwindigkeit der Kühlflüssigkeit voraus (> 5 m/s) in den Mikrokanälen, Durchsatz 0,5 l/min), wodurch das eingesetzte Kupfer abgetragen wird. Daraus resultieren Erosionseffekte, die im ungünstigsten Fall zur Undichtigkeit der Wärmesenke führen. Da die Wärmesenke gleichzeitig einen der elektrischen Kontakte des Laserbarrens darstellt, muss zur Vermeidung parasitärer Ströme deionisiertes Wasser zur Kühlung eingesetzt werden, das jedoch besonders korrosiv ist.

Der große Fertigungsaufwand für Wärmesenken stellt aufgrund der großen Zahl, der für Hochleistungssysteme benötigten Laserbarren, derzeit einen erheblichen Kostenfaktor für das Gesamtsystem dar. Die Kosten für eine einzelne Mikrokanalwärmesenke in der beschriebenen Kupfer-Technologie betragen, abhängig von der Stückzahl und Details des Designs, zwischen 30 € und 40 € [16, 20, 21].

2.3.2 Passive Wärmesenken

Neben den wassergekühlten Wärmesenken gibt es auch einen stetig wachsenden Markt von passiv kühlenden Wärmesenken. Diese werden in

Bereichen eingesetzt, wo eine aktive Wasserkühlung unerwünscht bzw. nicht realisierbar oder die passive Kühlung ausreichend ist (Abbildung 2-7).

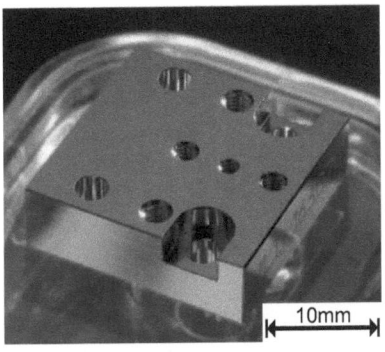

Abbildung 2-7: Vergoldete passive Wärmesenke – ILT CS

Diese Art die thermische Verlustleistung P_{therm} des Laserbarrens abzuführen, ist die einfachste und beruht auf der Wärmeleitung von Festkörpern. Die Wärmeleitung wird im instationären Betrieb durch die zeitabhängige Wärmeleitungsgleichung beschrieben:

Formel 2-2
$$\Delta T - \frac{1}{\alpha_T} \frac{dT}{dt} = 0 \quad \text{mit} \quad \alpha_T = \frac{\kappa}{\rho c_p}$$

Die Temperaturleitfähigkeit α_T setzt sich zusammen aus der Dichte ρ, Wärmeleitfähigkeit κ und der spezifischen Wärmekapazität c_p des Materials.

Den stationären thermischen Widerstand für einen Laserbarren bringt die Lösung der Wärmeleistungsgleichung bei einfachem homogenem Wärmeeintrag über die Fläche, wo der Laserbarren auf der Wärmesenkenoberseite montiert ist. Die Wärmeabfuhr wird über die Unterseite der Wärmesenke realisiert (Abbildung 2-8), wobei hier näherungsweise ein konstanter Wärmeübergangskoeffizient $\alpha_{Wü}$ angenommen wird [19].

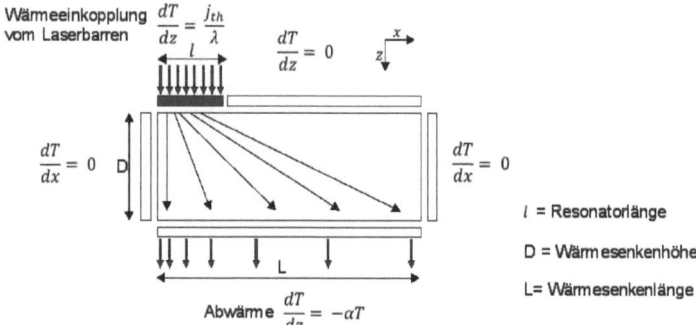

Abbildung 2-8: Abwärme eines Laserbarrens über konstantem Wärmeübergangskoeffizienten $\alpha_{Wü}$ auf der Unterseite der Wärmesenke [10].

Die Vorteile gegenüber einer aktiven Wärmesenke liegen in der Tatsache, dass die Fertigung und Herstellung einer solchen Wärmesenke auch in geringen Stückzahlen (< 100) preisgünstig umsetzbar ist. Die Geometrie kann leichter den Anforderungen angepasst werden, da keine Rücksicht auf wasserführende Strukturen genommen werden muss. Die mechanische Stabilität ist größer, da es sich um einen Vollkörper handelt. Dank der großen Wärmeleitung von Kupfer (~400 W/mK) wird die thermische Verlustleistung P_{therm} bei einer üblichen Materialstärke von 5 bis 8 mm über eine Grundfläche von 25 x 25 mm^2 gespreizt. Je besser der Wärmeübergangskoeffizient $\alpha_{Wü}$ zwischen Wärmesenke und Grundfläche ist, umso dünner kann die Dicke gewählt werden. Üblicherweise wird zur besseren Kontaktierung Wärmeleitpaste, Graphit- oder Indiumfolie verwendet, je nach Anwendung. Diese Materialien sorgen so für einen gleichmäßigen thermischen Kontakt (Tabelle 2-2).

Übergangsbedingung	Dicke d [mm]	Wärmeleitfähigkeit κ [W/mK]	Wärmeübergangskoeffizient $α_{Wü}$ [W/m²K]
Reine Metalloberfläche R_z = 6,4 µm	-	-	10.000
Graphitfolie	0,125	16	18.000
Wärmeleitpaste	0,1 – 0,2	3	15.000-20.000
Indiumfolie	0,1	~80	25.000

Tabelle 2-2: Übersicht der Wärmeübergangskoeffizienten für verschiedene Übergangsbedingungen bzw. Wärmeleitmaterialien[18]

Das Einsatzgebiet hinsichtlich optischer Ausgangsleistung ist begrenzt. Trotz der guten Wärmeleitung und der damit verbundenen Spreizung der thermischen Verlustleistung P_{therm} kommt es mit zunehmender Steigerung der optischen Ausgangsleistung und gleichzeitigem Anwachsen der thermischen Verlustleistung zu einem Wärmestau. Von diesem Punkt an wird der Wärmesenke mehr Verlustleistung vom Diodenlaserbarren zugeführt, als sie über die Grundfläche abgeben kann. Mit steigender Effizienz η (> 50 %) und gleichzeitiger Vergrößerung des Laserbarrens, was gleichbedeutend ist mit einer größeren Fläche, über die Verlustleistung abgegeben wird, werden mit passiven Wärmesenken höhere Ausgangsleistungen erreicht.

2.4 Montageprozess des Laserbarrens

Generell besteht ein Diodenlaser aus einem Laserbarren, welcher verbunden ist mit der Wärmesenke und dem n-Kontakt. Dazu wird zunächst der Laserbarren auf die Wärmesenke gelötet. Im ersten Schritt wird der

Laserbarren durch einen Vakuumgreifer von einem Gel-Pack aufgenommen. Der Greifer kann sowohl aus Metall als auch aus Keramik sein. Die Oberflächen sind geläppt und der Greifer ist schwimmend gelagert, um sich so gegebenenfalls Unebenheiten anpassen zu können. Der Laserbarren wird innerhalb des Lötofens auf der Wärmesenke ausgerichtet. Wichtig dabei ist, dass der Laserbarren mit etwa 5 µm Überstand über die Kante der Wärmesenke positioniert wird. Da der Laserbarren ein Kantenemitter ist, muss er unmittelbar an der Kante montiert werden. Der Überstand verhindert dabei, dass das Lot die Facette erreicht und so diese und damit den kompletten Laserbarren beschädigt. Ein größerer Überstand als 10 µm ist ungünstig, da andernfalls die thermische Belastung im Bereich der Frontfacette zu groß ist und so ebenfalls der Barren zerstört werden kann, da die thermische Anbindung nicht ausreicht. Unmittelbar vor der Montage des Laserbarrens muss das Lot durch ein Flussmittel reduziert werden, um eine gute Benetzung zu gewährleisten. Aufgrund der großen Energiedichte (>500 W/cm^2) können kleinste Fehlstellen im Lotinterface, kleine lokale Hot Spots verursachen und so zum Versagen und Ausfall des Laserbarrens führen [22, 19, 23].

2.5 Lote

Laserbarren benötigen eine gute thermische Anbindung an die Wärmesenke und eine gute Verbindung zu den elektrischen Kontakten. Aus diesem Grund werden metallische Lote eingesetzt, die Stromstärken von bis zu 200 A und thermischen Lasten von über 150 W/mm^2 standhalten können. Für Laserbarren werden zur p-seitigen Kontaktierung primär Indium und Gold-Zinn Lot verwendet. Dazu werden die Wärmesenken mit einer dünnen Schicht (~5 - 10 µm) Lot versehen. Auch wenn beide Lote nach Definition zu den Weichloten zählen, da die Schmelzpunkte unter 450 °C liegen, unterscheiden sie sich in ihrer Festigkeit. Indium zeigt eine große Diffusionsrate mit nahezu allen anderen Metallen und neigt dazu, dadurch über die Zeit zu verspröden. Gold-Zinn Lot ist in der Telekommunikationsbranche etabliert, da es sehr langzeitstabil ist (Tabelle 2-3) [24, 25, 26].

Lot	Schmelz-punkt T_L [°C]	Festigkeit R_m [MPa]	E-Modul [GPa]	Wärmeleit-fähigkeit κ [W/(mK)]	therm. Ausdehnungs-koeffizient α [ppm/K]	Flussmittel
SnAg3,8Cu0,7	217	40	45	60	20	Ja
SnAg3,5	221	35	44	78	20	Ja
SnCu0,7	227	35	24	65	20	Ja
In	157	1,6	13	84	25	Ja
In52Sn48	118	12	40-60	34	20	Ja
AuSn20	280	275	59	57	16	Nein
AuGe12	356	185	63	44	13	Nein
AuSi3	363	255	83	27	12	Nein

Tabelle 2-3: Materialeigenschaften verschiedener Lote [27]

Für die n-seitige Kontaktierung wird die Legierung In52Sn48 verwendet. Sie hat einen niedrigeren Schmelzpunkt als Indium und verhindert so ein Wiederaufschmelzen der Indium Lötverbindung. InSn hat eine Wärmeleitfähigkeit κ von ca. 34 W/mK und einen thermischen Ausdehnungskoeffizienten α von ca. 20 ppm/K.

2.5.1 Indium

Indium (Schmelzpunkt 156,7 °C) zeigt von den in Tabelle 2-3 gegenübergestellten Metallen und Legierungen die geringsten Festigkeiten, insbesondere eine geringe Kriechfestigkeit [27, 28]. Indium kann beim Einsatz für Laserbarren zwar durch plastisches Fließen die Spannungen abbauen, die durch die Unterschiede in der Wärmedehnung von Laserbarren und Wärmesenke resultieren. Durch die Relaxations- und Kriechvorgänge können jedoch die Positionsgenauigkeiten über eine lange Betriebsdauer nicht in jedem Fall gewährleistet werden. Bei Indium tritt auch das Phänomen der Whiskerbildung auf. Während sich Sn-Whisker auch ohne Anlegen einer elektrischen Spannung bilden, bedarf die Bildung von In-Whiskern bestimmter kritischer Stromdichten, die jedoch bei Laserdioden mit großen optischen Leistungen P_{opt} (> 60 W) durchaus erreicht werden können. Bei der Anwendung von Indium besteht außerdem das Problem, dass die natürliche bestehende Oxidschicht vor dem Löten z.B. durch Ameisensäure entfernt werden muss [29, 30, 31].

2.5.2 Gold-Zinn

Die höher schmelzenden goldreichen eutektischen Lote AuSn20 (Schmelztemperatur T_L 280 °C), AuGe12 (T_L = 356 °C) und AuSi3 (T_L = 363 °C) eignen sich aufgrund ihres großen Goldgehalts am besten zur flussmittelfreien Montage. Diese drei Lote besitzen, verglichen mit den zinnreichen Loten, außerdem sehr große Festigkeiten. Das AuSn20-Lot besitzt nicht nur die größte Festigkeit (sowie einen sehr großen Kriechwiderstand) und die beste Wärmeleitfähigkeit, sondern ist in dieser Gruppe auch das Lot mit dem niedrigsten Schmelzpunkt. Eine geringe Löttemperatur (ca. 70 - 80 °C) schont zum einen die Komponenten und zum anderen verursacht eine geringere Differenz in der thermischen Ausdehnung der zu verbindenden Komponenten, weniger induzierte mechanische Verspannungen in den Laserbaren. Auf der anderen Seite ermöglicht der im Vergleich zu den gängigen Weichloten hohe Schmelzpunkt die Option, Lote mit deutlich geringerem Schmelzpunkt z.B. für die n-Kontaktierung eines Laserbarrens zu verwenden, da ein Aufschmelzen verhindert wird. Aufgrund des gegenüber den restlichen Loten hohen Schmelzpunktes von 280 °C, ist das eutektische AuSn-Lot auch für Anwendungen geeignet, in denen höhere Betriebstemperaturen auftreten (Abbildung 2-9) [33, 34, 35, 36].

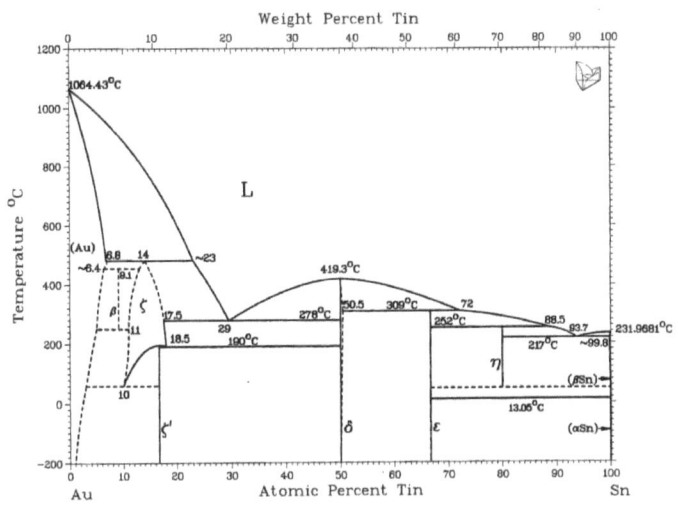

Abbildung 2-9: AuSn Phasendiagramm [32]

Voraussetzung für die AuSn-Montage von Laserbarren ist die Verwendung einer ausdehnungsangepassten Wärmesenke bzw. Submounts, wie z.B. aus WCu. Ein mit AuSn-Lot auf eine Kupferwärmesenke montierter Laserbarren zerbricht unmittelbar nach dem Löten beim Erreichen der Raumtemperatur (20°C) [19, 36, 37, 38].

Das AuSn-Lot wird in einem thermischen PVD-Prozess im Hochvakuum (10^{-6} mbar) aufgebracht. Dabei erfolgt die Bedampfung entweder mit Sn und Au nacheinander in getrennten Schichten, die sich erst beim Aufschmelzen des Lots durch Diffusion vermischen. Alternativ kann auch eine sogenannte Co-Verdampfung durchgeführt werden, bei der Gold und Zinn parallel aufgebracht werden. Durch Abstimmung der Schichtdicken wird das gewünschte Massenverhältnis erreicht. Bei beiden Bedampfungsvarianten wird abschließend als Oxidationsschutzschicht Gold aufgedampft [27, 33, 39]. Zur Überprüfung der stöchiometrischen Zusammensetzung des Lotes werden EDX-Analysen im Rasterelektronenmikroskop (REM) durchgeführt.

Mit AuSn-Lot auf ausdehnungsangepassten Wärmesenken bzw. WCu-Submounts montierte Laserbarren zeigen die gleichen optischen

Leistungsdaten wie mit Indium gelötete Laserbarren. Untersuchungen zeigen, dass die induzierten Verspannungen im Laserbarren minimal sind. Hierdurch wird eine wesentliche Ursache für die Degradation von Laserbarren ausgeschaltet.

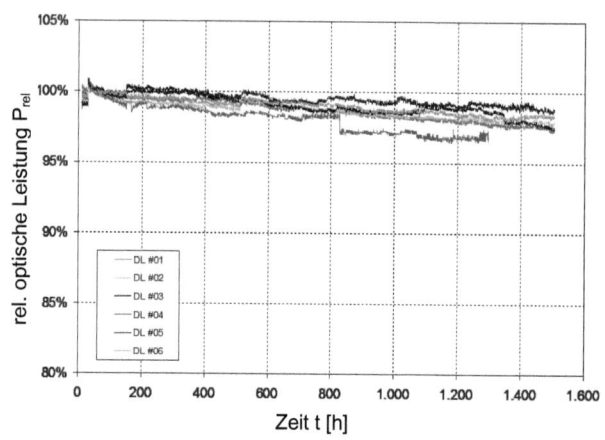

Abbildung 2-10: Langzeittest an AuSn-montierten Laserbarren (808nm). Montage auf WCu-Submounts, Betriebsbedingungen: 65A (cw), 25°C.

Dies wird durch Lebensdaueruntersuchungen an AuSn-montierten Laserbarren bestätigt. In einem 1500 h-Test wurde unter cw-Bedingungen nur eine Degradation von 2 % gemessen (Abbildung 2-10) [40, 41, 42].

2.6 n-Kontaktierung des Laserbarrens

Stellt die Wärmesenke den p-Kontakt für den Laserbarren dar, so gibt es für den n-Kontakt generell zwei Alternativen. Zum einen wird auf den Laserbarren in einem zweiten Fügeschritt ein Kupferdeckelblech gelötet. Dieses vergoldete Blech hat eine Dicke von 30 bis 100 µm. Das Blech wird mit einem niedrig schmelzenden Lot wie z.B. Indium-Zinn (Schmelztemperatur T_L = 118 °C), nach der Montage des Laserbarrens mit Indium-Lot, verlötet. Falls zur Barrenmontage höher schmelzende Lote wie AuSn verwendet werden, können auch für das Deckelblech andere Lote wie z.B. SnAgCu eingesetzt werden. Das Lot kann aufgedampft oder es können

Preforms verwendet werden. Zum anderen besteht die Möglichkeit, die n-Kontaktierung mit Drahtbonds herzustellen. Golddrähte haben z.B. eine Dicke von 25 bis 50 µm. Sowohl das Ball-Ball als auch das Ball-Wedge Bondverfahren werden angewendet. Die Bondparameter wie Kraft und Wärme müssen den jeweiligen Anforderungen angepasst werden.

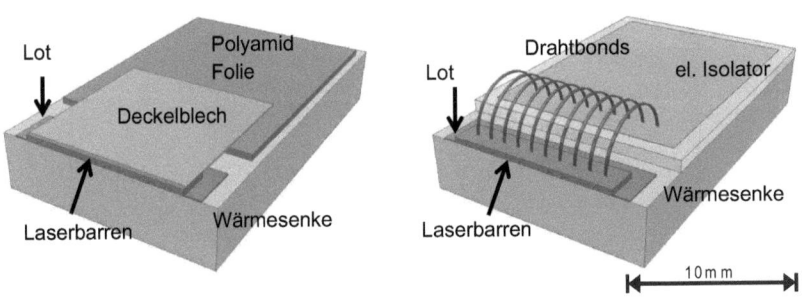

Abbildung 2-11: Schematische Darstellung der n-Kontaktierung durch ein Deckelblech (links) und Drahtbonds (rechts)

In beiden Fällen ist die Aufgabe elektrische Ströme von bis zu 200 A zu leiten.

Um p- und n-Kontakt voneinander elektrisch zu isolieren, wird bei einer Deckelblechlötung eine Polyamidfolie als Isolator verwendet und beim Drahtbonden ein Keramikplättchen (Abbildung 2-11).

Drahtbonden ist ein etabliertes Verfahren, welches einen beträchtlichen Grad an Automatisierung erreicht hat, mit großer Wiederholgenauigkeit und sehr geringen Fehlerraten. Automatische Bondanlagen können in der Größenordnung von 10 Bonds pro Sekunde setzen, abhängig von den gewählten Parametern und der Drahtlänge [43, 44].

Aufgrund der unterschiedlichen thermischen Ausdehnungskoeffizienten α von Laserbarren und Deckelblech können in Abhängigkeit von Lotmaterial und der Dicke des Bleches mechanische Spannungen in den Laserbarren induziert werden. Zusätzliche Spannungen können bei nachfolgenden

Montageschritten über das Blech in den Laserbarren eingeleitet werden. Insbesondere stets wechselnde Belastungen, wie z.B. im Puls-Betrieb, können die unterschiedlichen Ausdehnungskoeffizienten α die Zuverlässigkeit des n-Kontaktes begrenzen.

Im Rahmen dieser Arbeit sind zur n-Kontaktierung Kupferdeckelbleche eingesetzt worden.

3 Bewertungskriterien für Wärmesenken

Eine Wärmesenke ist ein mechanischer Adapter für einen Laserbarren. Sie gewährleistet sowohl die elektrische Kontaktierung als auch die Abfuhr der thermischen Verlustleistung P_{therm}. Da in der Regel metallische Werkstoffe zur Herstellung von Wärmesenken verwendet werden, ist die elektrische Kontaktierung in den meisten Fällen von untergeordneter Bedeutung. Einzig bei Wärmesenken aus keramischen Werkstoffen oder Diamant ist dies genauer zu betrachten.

3.1 Thermischer Widerstand R_{th}

Die Kenngröße über die thermische Leistungsfähigkeit einer Wärmesenke ist der thermische Widerstand R_{th}. Er ist die wichtigste Messgröße zur Klassifizierung der Leistungsfähigkeit.

Formel 3-1
$$R_{th} = \frac{dT}{P_{therm}}$$

P_{therm} ist die thermische Verlustleistung bei einem bestimmten Arbeitspunkt und einem festgelegten Temperaturunterschied dT. Der Temperaturunterschied dT liegt zwischen dem heißesten Punkt am Laserbarren und einer Referenztemperatur T_0 auf der Unterseite der Wärmesenke bei passiv gekühlten Aufbauten. Im Falle einer aktiven Kühlung gilt die Wassertemperatur, gemessen am Einlauf, als Referenz [18].

In einem Laserbarren wird Verlustleistung in Form von Wärme in der aktiven Zone und im Wellenleiter des Laserbarrens generiert. Die höchsten Temperaturen werden im Wellenleiter an der Frontfacette erreicht.

Die thermische Verlustleistung eines Laserbarrens wird beschrieben durch den charakteristischen Verlauf der P_therm(I) Kurve:

Formel 3-2
$$P_{therm}(I) = U(I) \cdot I - P_{opt}(I)$$

P_{opt} (I) ist die optische Ausgangsleistung und U(I) beschreibt die Spannung als eine Funktion der verwendeten Stromstärke I. Da die emittierte Wellenlänge λ des Laserbarrens abhängig von der Temperatur ist, kann die Barrentemperatur über die Wellenlänge λ berechnet werden. Dieser Zusammenhang wird als Wellenlängendrift bezeichnet. Er muss im Vorfeld einer jeden Messung für ein Barrenmaterial durchgeführt werden (Abbildung 3-1). Dazu werden die Umgebungstemperaturen variiert. Im einfachsten Fall wird die Temperatur des Kühlmediums auf unterschiedliche Temperaturen gebracht und der Laserbarren mit kurzen Pulsen betrieben. Dabei wird der Laserbarren mit einem gepulsten Strom oberhalb der Laserschwelle mit Pulslängen von etwa 1 µs bei einem Duty Cycle < 0,1 % betrieben. Durch die kurze Pulsdauer wird vermieden, dass sich der Laserbarren aufgrund der thermischen Verlustleistung P_{therm} erwärmt und es so zu einer zusätzlichen Wellenlängendrift dT/dλ kommt. Über die lineare Beziehung zwischen den Messwerten wird die Steigung berechnet.

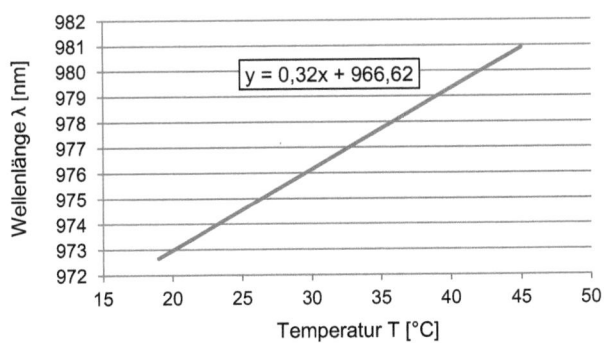

Abbildung 3-1: Änderung der emittierten Wellenlängen in Abhängigkeit von der Kühlwassertemperatur

Dieser Wert stellt die für diesen Laserbarren spezifische Wellenlängendrift von $d\lambda/dT = 0{,}32$ nm/°C dar (Abbildung 3-1). Die Aufzeichnung der Wellenlänge λ über die thermische Verlustleistung P_{therm} liefert einen, in Näherung betrachtet, linearen Zusammenhang (Abbildung 3-2).

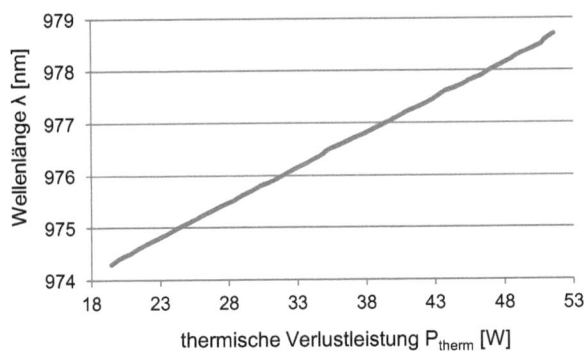

Abbildung 3-2: Wellenlängenänderung über thermischer Verlustleistung P_{therm}

Die so elektro-optisch gemessenen Größen werden für die Berechnung des thermischen Widerstandes R_{th} des Aufbaus verwendet:

Formel 3-3
$$R_{th} = \frac{dT}{P_{therm}} = \frac{dT}{P_{therm}} \cdot \frac{d\lambda}{d\lambda} = \left(\frac{d\lambda}{dT}\right)^{-1} \cdot \frac{d\lambda}{P_{therm}}$$

Zur Interpretation der Ergebnisse für die thermische Widerstandsmessung, muss die Fläche, über die die Wärme eingebracht wird, berücksichtigt werden. Werden auf die gleiche Wärmesenke Laserbarren mit unterschiedlichen Abmessungen montiert und ihr thermischer Widerstand R_{th} gemessen, wird der Laserbarren mit der größeren Fläche einen kleineren thermischen Widerstand aufweisen. Ursache hierfür ist die Wärmespreizung über eine größere Kontaktfläche (Abbildung 3-3). [10, 45]

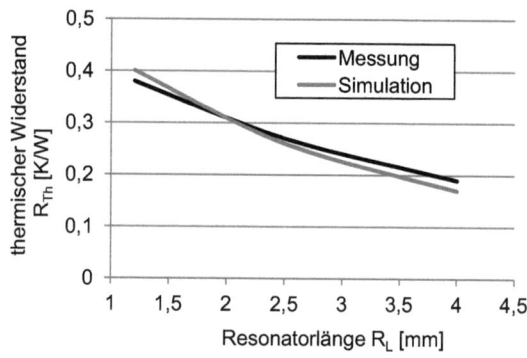

Abbildung 3-3: Thermischer Widerstand R_{th} in Abhängigkeit der Resonatorlänge R_L bei einem Laserbarren mit 50% Füllfaktor

Bei der Verwendung eines Laserbarrens mit der Grundfläche 10 x 4 mm² reduziert sich der thermische Widerstand gegenüber der eines Laserbarrens mit den Abmessungen 10 x 1,2 mm² um mehr als 50 % (Abbildung 3-3). Dieser Wert gilt für Mikrokanalwärmesenken aus Kupfer bei einem Durchfluss Q = 0,5 l/min und einem Druckverlust dP von 1 bar.

3.1.1 Elektro-optische Charakterisierung

Zur Bestimmung der elektro-optischen Eigenschaften werden Diodenlaser nach der Montage charakterisiert. Dabei werden optische Ausgangsleistung P_{opt} pro Stromstärke I, spektrale Verteilung, Spannung U in Abhängigkeit der Stromstärke I, Kühlwassertemperatur T_W, Druckverlust dP und Durchfluss Q gemessen (Abbildung 3-4).

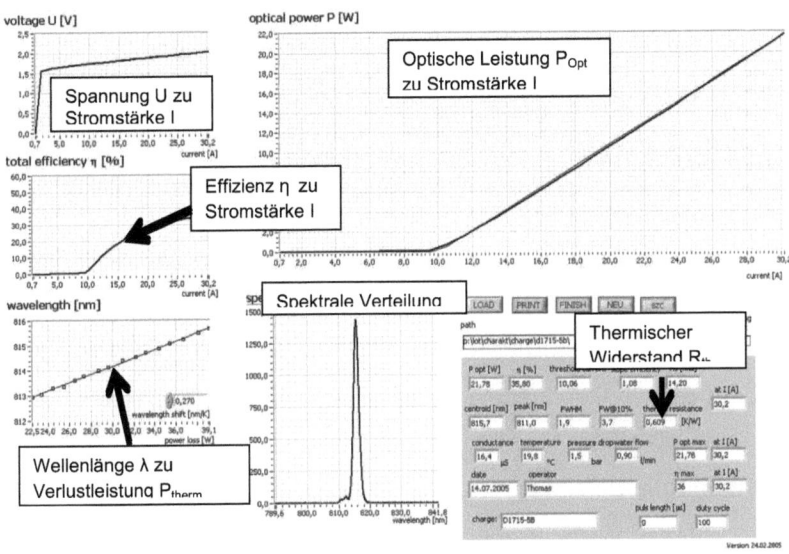

Abbildung 3-4: Datenblatt mit den Ergebnissen der elektro-optischen Charakterisierung

Anhand dieser Daten und der zuvor gemessenen Wellendrift $dT/d\lambda$ des Laserbarrens über die Temperatur wird auch der thermische Widerstand R_{th} bestimmt. Die Breite des Spektrums gibt Aufschluss über die Kühleffizienz, der Verlauf der Leistungskurve - optische Ausgangsleistung zur Stromstärke - über die Eignung der Wärmesenke für den jeweiligen Leistungsbereich [8, 46, 18].

Die Charakterisierung ist ein wichtiges Instrument zur Beurteilung der Wärmesenken hinsichtlich ihrer Eignung und wird in dieser Arbeit zur Qualifizierung der Laserbarrenmontage eingesetzt.

3.2 Thermischer Ausdehnungskoeffizient α

Der thermische Ausdehnungskoeffizient α der verwendeten Bauteile ist eine wichtige Einflussgröße für den Betrieb und die Lebensdauer eines Diodenlasers. Die größte thermische Belastung erfährt eine Wärmesenke bei der Montage des Laserbarrens. Je nach Schmelztemperatur T_L des verwendeten Lotes, werden Temperaturen von bis zu 300 °C erreicht.

Formel 3-4
$$dl = \alpha \, dT l_0$$

Ein GaAs Laserbarren mit einem thermischen Ausdehnungskoeffizienten α von 6,8 ppm/K erfährt eine Längenänderung dl aufgrund einer Temperaturdifferenz dT von 260 K von 18,2 µm. Eine Kupferwärmesenke dehnt sich bei gleichen Randbedingungen um fast 48 µm, eine Wärmesenke aus der WCu um ca. 19 µm.

Die zweite thermische Belastung nach der Montage erfolgt im Betrieb. Hier ist die Temperaturdifferenz dT kleiner, dafür aber die Wechselbelastung mit vielen Zyklen, z. B. im Pulsbetrieb, größer. Je nach Auslegung und Typ der Wärmesenke erwärmt sich der Laserbarren um dT = 40 °C. Dies hat eine thermische Ausdehnung für einen GaAs Laserbarren von ca. 2,7 µm und einer Kupferwärmesenke von 6,8 µm zur Folge (Tabelle 2-1).

Die Unterschiede der Ausdehnungen lassen erkennen, dass eine Anpassung notwendig ist. Dazu ist es auch erforderlich, die Ausdehnungen von Legierungen zu bestimmen und die Herstellerdaten zu verifizieren [27].

3.2.1 Speckle-Interferometer

Die elektronische Speckle Interferometrie (ESPI) basiert auf der Interferenz diffus gestreuten, kohärenten Lichts. Wird eine optisch raue Oberfläche mit Laserlicht bestrahlt, bildet sich im Fernfeld ein granulares Muster mit hellen Bildpunkten, welche "Speckle" (engl. für "Tupfen") genannt werden. Diese entstehen durch Interferenz des diffus gestreuten Laserlichts. Position und Intensität der Speckle sind vom Beobachtungsort im Fernfeld und der beleuchteten Oberfläche abhängig. Wird die Oberfläche nicht verformt, oder relativ zum Beobachtungsort bewegt, sind Positionen und Intensitäten der Speckles von dieser Beobachtungsebene aus betrachtet, zeitlich konstant.

Damit ist die flächige Messung des thermischen Ausdehnungskoeffizienten α der Wärmesenken durchführbar. Die örtlich aufgelöste Messung der thermischen Dehnung ermöglicht bereits vor der Konfektionierung von Diodenlasern, Aussagen über spätere mechanische Belastungen im Betrieb zu treffen.

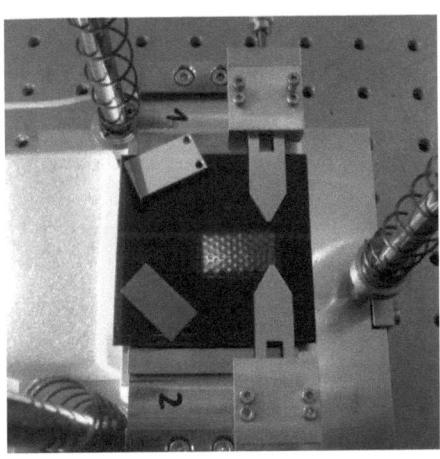

Abbildung 3-5: Draufsicht auf den Speckle Interferometer Messplatz

Für unterschiedliche Probengeometrien und Werkstoffe stehen verschiedene Möglichkeiten zur Wärmeeinbringung, Einspannung bzw. Lagerung und

Oberflächenbehandlung zur Verfügung (Abbildung 3-5). Die Erwärmung der Proben durch Strahlung, welche mittels einer Halogen-Lampe erzeugt wird, hat gegenüber alternativen Konzepten der Wärmeeinbringung Vorteile, da durch die lokale Wärmezufuhr eine reale Belastungssituation darstellbar ist. Serienmessungen mitteln den thermischen Ausdehnungskoeffizienten α über beliebig große Temperaturbereiche. Messungen in verschiedenen Bereichen ermöglichen die Unterscheidung der thermischen Dehnung im Betrieb eines Diodenlasers und während des Herstellungsprozesses.

Die eingesetzte Software des Interferometers erstellt durch die Subtraktion der entstehenden Korrelationsstreifen bereits während der Messung ein Referenzbild auf dem Bildschirm. Im Anschluss gibt sie die Dehnung in x-, y- und z-Richtung als graphische Falschfarbendarstellung aus (Abbildung 3-6).

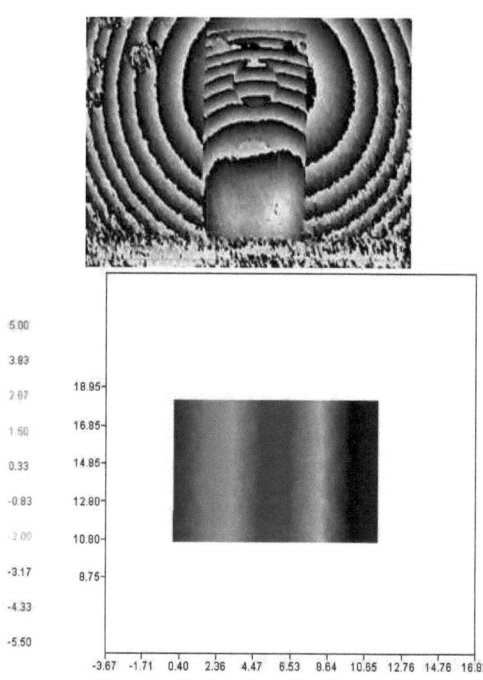

Abbildung 3-6: Korrelationsstreifen nach der Messung (oben), Falschfarbendarstellung in x-Richtung (unten)

Thermische Dehnungen des Laboraufbaus, welche die Messung beeinflussen, werden durch die spezielle Konstruktion kinematisch ausgeglichen. Der gezielte Einsatz von Keramiken und Gläsern als Konstruktionswerkstoff reduziert die thermische Dehnung und die Wärmeleitfähigkeit κ des Aufbaus. Die Glaskeramik gewährleistet beispielsweise durch einen thermischen Ausdehnungskoeffizienten α von weniger als 1 ppm/K im Bereich von 0 bis 100 °C, eine annähernd reibungsfreie und während der Messung invariante Lagerung.

Mit dem speziell konstruierten Aufbau ist der thermische Ausdehnungskoeffizient α einer Kupferwärmesenke über eine Temperaturerhöhung von dT = 15 K und dT = 40 K in Serienmessungen mit 10 Messpunkten zu 17,0 ppm/K bestimmt worden. Insbesondere die Tatsache, dass alle drei Raumachsen gleichzeitig bestimmt werden können, ist von Bedeutung, wenn Wärmesenken mit Schichtaufbauten analysiert werden. Der Bimetalleffekt kann so erkannt werden.

Das Speckle-Interferometer wird in der Arbeit immer wieder verwendet, um den thermischen Ausdehnungskoeffizienten α der verschiedenen Wärmesenken und ihren Materialien zu überprüfen. Der Fehler der Messungen liegt im Bereich von +/- 0,5 ppm/K.

3.3 Verspannungsanalyse des Laserbarrens

Ausdehnungsangepasste Wärmesenken verhindern im Idealfall mechanische Verspannungen im Laserbarren. Die Ausdehnungskoeffizienten von Laserbarren und Wärmesenke sind dabei identisch und führen bei gleicher thermischer Belastung zur gleichen thermischen Ausdehnung. Da Laserbarren hinsichtlich der mechanischen Verspannung empfindlich sind, kann an Hand der TE- und TM-Polarisation der einzelnen Emitter der lokale Polarisationsgrad (DOP) bestimmt werden. Daraus lässt sich ableiten, ob der Laserbarren in diesem Bereich auf Druck oder Zug belastet oder spannungsfrei ist. Diese Messung wird unterhalb des Schwellstroms (~5A) einer Diode durchgeführt, um so zusätzliche thermische Einflüsse zu minimieren. Die Messungen liefern anhand des Verlaufes der Messkurven eine qualitative Aussage über die Verspannung von Laserbarren und Wärmesenke. Oberhalb der Schwelle werden DOP Werte von etwa 1 gemessen. Der Kontrast zwischen den einzelnen Emittern ist jedoch viel geringer, so dass eine Aussage über die Verspannung kaum möglich. Abbildung 3-7 (oben) zeigt einen einheitlichen Polarisationsgrad über die Breite des Laserbarrens (slow-axis). Der Laserbarren ist nicht verspannt. Hingegen ist in Abbildung 3-7 (unten) eine druck- und zugverspannter montierter Laserbarren dargestellt [47, 48].

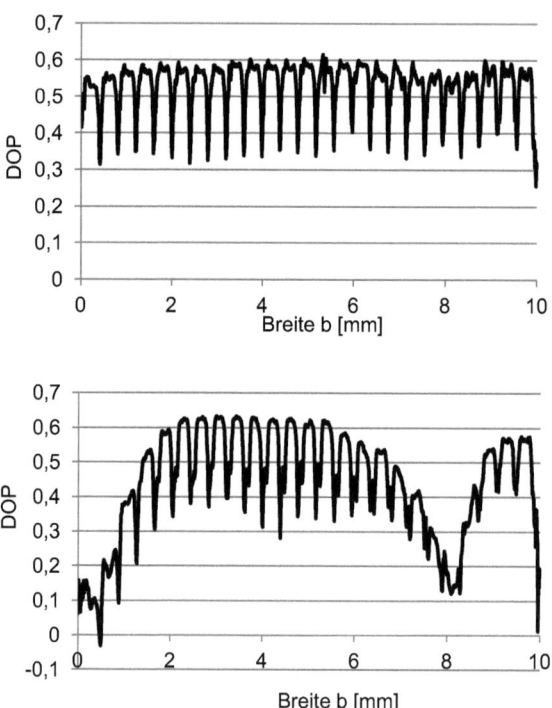

Abbildung 3-7: Ergebnis einer Polarisationsmessung über die Breite b (x-Richtung, slow-axis) des gesamten Laserbarrens (10 mm), oben ausdehnungsangepasst, unten reiner Kupferaufbau

Defekte in der Frontfacette eines Laserbarrens können ebenfalls Einfluss auf das Ergebnis der DOP Messung haben [8, 40, 49].

Im Rahmen der Verspannungsmessungen wird auch der Smile eines Laserbarrens vermessen. Laserbarren können nach der Herstellung leicht deformiert sein. Sie weisen dann eine Deformation in lateraler Richtung auf, die je nach Größe einen störenden Einfluss auf die Strahlqualität in optischen Systemen hat, den Smile. Zusätzlich gelten die thermomechanischen Kräfte, die das Lot und die Wärmesenke beim Abkühlen auf den Laserbarren ausüben, als mögliche Ursache für Deformationen des Laserbarrens. Auch Unebenheiten in Wärmesenken können zu erhöhten Smilewerten führen. Die Größenordnung liegt im Bereich einiger Mikrometer (<3 µm). Als quantitatives Maß für den Smile wird der Abstand der beiden parallelen Geraden angegeben, die bei geringstem Abstand alle Emitterkoordinaten einschließen. Die Resonatorachsen der einzelnen Emitter liegen bei einem Laserbarren mit Smile nicht mehr in einer Ebene, was zu einer Verschlechterung der Strahlqualität führt.

Der Smile hat hinsichtlich der thermischen Anbindung des Laserbarrens nur einen geringen Einfluss.

3.4 Werkstoffanalyse

Die Auswahl der Werkstoffe zur Herstellung von Wärmesenken konzentriert sich auf Materialien, die zum einem aufgrund ihres thermischen Ausdehnungskoeffizienten α im Bereich eines Laserbarrens liegen. Zum anderen diejenigen, die eine große Wärmeleitfähigkeit κ z.B. besser als Kupfer (381 W/mK) haben.

Neben diesen Eigenschaften müssen sich die Werkstoffe bzw. die Werkstoffpaarungen auch zur Montage von Laserbarren eignen und die Anforderungen aus Kap. 2.3 erfüllen.

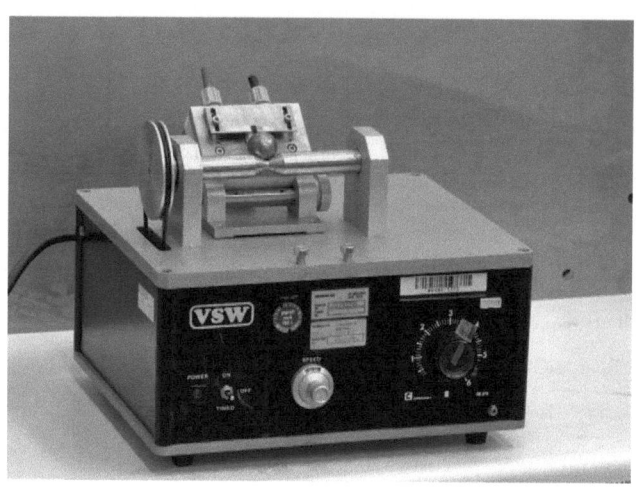

Abbildung 3-8: Gerät zum Durchführen von Kalottenschliffen

Zur Überprüfung der stöchiometrischen Zusammensetzung des Lotes werden EDX-Analysen im Rasterelektronenmikroskop (REM) durchgeführt. Dafür werden bedampfte Proben aufgeschmolzen und an ihnen Kalottenschliffe präpariert (Abbildung 3-8). Diese dienen zur Analyse des Lotes hinsichtlich des Schichtaufbaus und der Schichtdicke und ermöglichen es aufgrund ihrer guten Auflösung z.B. an Fehlstellen genauere Analysen durchzuführen, um so Rückschlüsse auf die Ursachen zu erlangen (Abbildung: 3-9). Wenn nötig kann die Zusammensetzung des Lotes individuell angepasst werden [18].

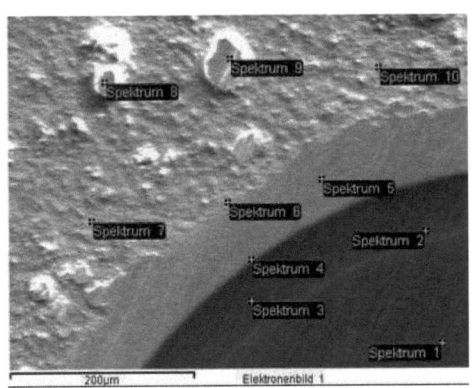

Spektrum	Ni	Cu	Sn	Au
Spektrum 1	0.02	92.97	0.18	-0.11
Spektrum 2	75.67	7.61	0.14	0.63
Spektrum 3	78.84	2.27	0.05	0.75
Spektrum 4	36.48	1.53	22.29	31.79
Spektrum 5	0.86	0.41	25.33	70.63
Spektrum 6	0.10	0.46	17.94	78.41
Spektrum 7	1.72	0.03	35.54	60.34
Spektrum 8	0.11	0.09	19.97	77.72
Spektrum 9	0.11	0.31	23.73	73.28
Spektrum 10	-0.01	-0.15	18.10	79.19

Abbildung: 3-9: EDX-Analyse eines Kalottenschliffs in aufgeschmolzenem AuSn-Lot mit Element-Auswertung. Die Messpunkte 5-10 liegen im bzw. auf dem AuSn-Lot

In gleicher Weise werden Kalottenschliffe an montierten Laserbarren gemacht, um das Lotinterface zu analysieren. Die EDX-Analysen belegen einerseits die Interdiffusion der aufgedampften Lotschichten mit der Barrenmetallisierung (Au) und bestätigen andererseits die Wirksamkeit der als Diffusionssperren aufgebrachten Ni-Schicht (Wärmesenke) bzw. Pt-Schicht (Laserbarren).

3.5 Vektorielle Strömungsabbildung mit Particle Image Velocimetry

Das Strömungsverhalten innerhalb der Wärmesenke kann mit Hilfe der CFD-Simulationen dargestellt werden. Zur Verifizierung der durchgeführten Berechnungen wird eine optische Analysemethode hinzugezogen.

Particle Image Velocimetry (PIV) ist eine berührungslose, optische Messtechnik, mit der sowohl qualitative, als auch quantitative Aussagen mit Hilfe der Auswertung der Partikelverschiebung über das Strömungsbild gemacht werden können. Die PIV-Technik arbeitet nach dem Prinzip, dass durch dem Wasser beigemischte Partikel die Strömung sichtbar gemacht wird. An kurz (< 100 µs) aufeinander folgenden Zeitpunkten t_1 und t_2 werden digitale Aufnahmen der beleuchteten Partikel gemacht. Die Partikel werden für diese Doppelbilder zweimal mit einem Laser beleuchtet. Eine CCD-Kamera nimmt ein oder mehrere Doppelbilder der Partikel auf. Ein Trigger steuert die Zeitpunkte t_1 und t_2 an denen die Partikel vom Laser beleuchtet werden. Dieser löst synchron die CCD-Kamera und den Laser aus. In diesem Zeitintervall legen die Teilchen eine kleine Strecke $d\vec{s}$ (<10 mm) zurück, die durch statistische Verfahren in einem Vektorfeld dargestellt werden können. Die Fließgeschwindigkeit $\vec{v}$ der Partikel kann nun mit Hilfe der zurückgelegten Strecke $d\vec{s}$, dem Pulsabstand der beiden Laser dt und dem Abbildungsmaßstab M berechnet werden.

Formel 3-5
$$\vec{v}(s,t) = \frac{d\vec{s} \cdot M}{d\vec{t}}$$

Das Ergebnis ist eine Momentaufnahme der Strömung in der Wärmesenke. Mit Hilfe von Bildserien wird die Strömung genau bestimmt und über die Partikeldichte und die Strömungsgeschwindigkeit $\vec{v}$ der Durchfluss bestimmt.

Ein Vorteil der PIV-Messtechnik ist, dass die Strömung nicht durch Fremdeinwirkungen gestört wird. Grenzen der Aufnahmen bezüglich Geometrie und Strömungsgeschwindigkeit liegen in der Wahl der Kamera, des Lasers, sowie der vorhandenen Objektive und der dem Arbeitsmedium zugefügten Partikel (Abbildung 3-10). Die Genauigkeit der Messergebnisse hängt jedoch von vielen Faktoren ab. Die genaue Justierung von Kamera, Laser, Wärmesenke, sowie eine gute Durchmischung des deionisierten Wassers mit PSP-Partikel (Polyamid Seeding Particles) sind entscheidend für die Auswertung. Bereits kleine Ungenauigkeiten, wie z.B. die lotrechte Ausrichtung des Lasers, führen zu ungenauen Messergebnissen.

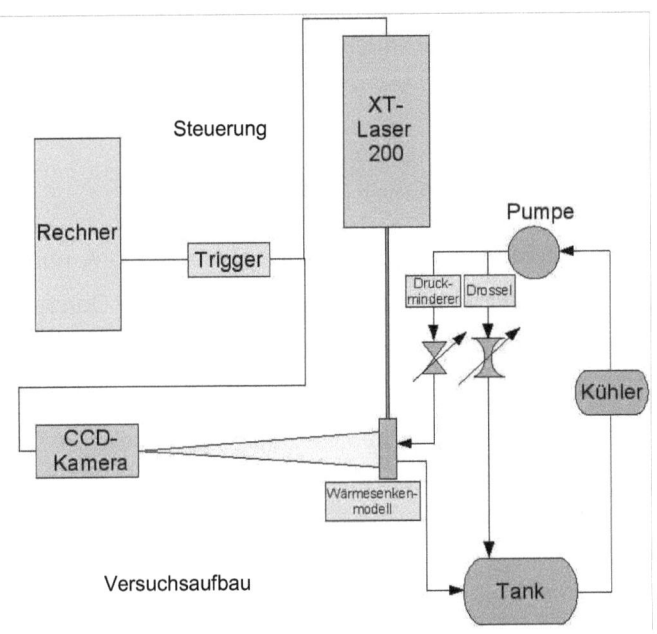

Abbildung 3-10: Schematischer Aufbau des PIV Messplatzes

Um Aussagen über die Durchströmung einer Wärmesenke treffen zu können, wird ein Modell aus Acrylglas gefertigt. Die Strömung in diesem transparenten Modell (Abbildung 3-11) kann mit Hilfe von Partikeln sichtbar gemacht. Durch PIV Aufnahmen werden Aussagen über Totwassergebiete, Durchflussgeschwindigkeit und Durchfluss erzielt. Aufgrund der Durchflussgeschwindigkeit von u_M = 4,9 – 14,1 m/s bei einem Durchfluss von Q = 0,4 – 0,6 l/min und bei einer Temperatur von T = 25 °C wird eine CCD-

Kamera mit sogenannter Double Shutter Funktion verwendet. Der Laser wird über einen Trigger mit der Kamera zeitgleich ausgelöst. Bei Pulszeiten von t_1 = 10 µs bis t_2 = 40 µs werden die Daten mit einer Software gesammelt, bearbeitet und ausgewertet.

Die Originalstruktur der Wärmesenke besitzt besonders in den Kanälen einen sehr kleinen hydraulischen Durchmesser D_H = 0,3 mm, der sich bei Verwendung von Partikeln mit diesen zusetzten würde. Aus diesem Grunde wird ein größeres Ersatzmodell gefertigt. Dabei wird der hydraulische Durchmesser D_H bei Rechteckquerschnitten mit folgender Näherungsformel berechnet:

Formel 3-6
$$D_H = \frac{4 \cdot A}{U} = \frac{4 \cdot 0{,}3mm \cdot 0{,}3mm}{2 \cdot 0{,}3mm + 2 \cdot 0{,}3mm} = 0{,}3mm$$

Die Fläche senkrecht zum Strömungsquerschnitt ist mit A und der benetzte Umfang mit U bezeichnet. Bei Kreisgeometrien wird der Durchmesser D_H = d eingesetzt. Um eine wirklichkeitsgetreue Abbildung des Originals zu erhalten, müssen die geometrische Ähnlichkeit von Original und Modell, sowie die Konstanz der relevanten Reynoldszahl nachgewiesen werden. Die Reynoldszahl Re wird für einen Durchfluss von 0,4 l/min wie folgt berechnet [50]:

Formel 3-7
$$\mathrm{Re} = \frac{\rho \cdot u_\infty \cdot D_H}{\eta}$$

Mit $\rho_{Wasser} = 998{,}2 \dfrac{kg}{m^3}$

$\eta_{Wasser} = 1{,}002 \cdot 10^{-3}\, Pa \cdot s$

D_H = 5 mm

bei einem Durchfluss von $Q_1 = 0{,}4 \dfrac{\ell}{min}$:

Formel 3-8
$$u_\infty = \frac{Q}{A} = \frac{0{,}4\frac{\ell}{\min}}{\pi \cdot (2{,}5mm)^2} = 0{,}3\frac{m}{s}$$

$Re = 1992$

Mit diesen Daten kann der Durchfluss Q_M für das Modell bestimmt werden. Die Abweichungen hinsichtlich des Durchflusses Q_1 liegen bei ca. +/- 50ml/min. Daraus resultiert eine Schwankung der Reynoldszahl Re von +/- 10 %. Da im Modell die Messtemperatur bei T_{Mess} = 35 – 38 °C liegt und nicht bei T = 20 °C wie im Original, ändern sich auch die Dichte ρ_{Wasser} und die dynamische Viskosität η_{Wasser} [50].

Weitere Ungenauigkeiten können bei der Einstellung und Positionierung der Kamera bezüglich des Originalmodells, sowie der Fokussierung dieser Kanäle auftreten. Also muss ein vergrößertes Wärmesenkenmodell verwendet werden. Dieses Modell bietet Vorteile bezüglich der Fertigung, der Stabilität und vor allem bei der Wahl geeigneter Partikel und es vereinfacht die Kameraeinstellung und -positionierung.

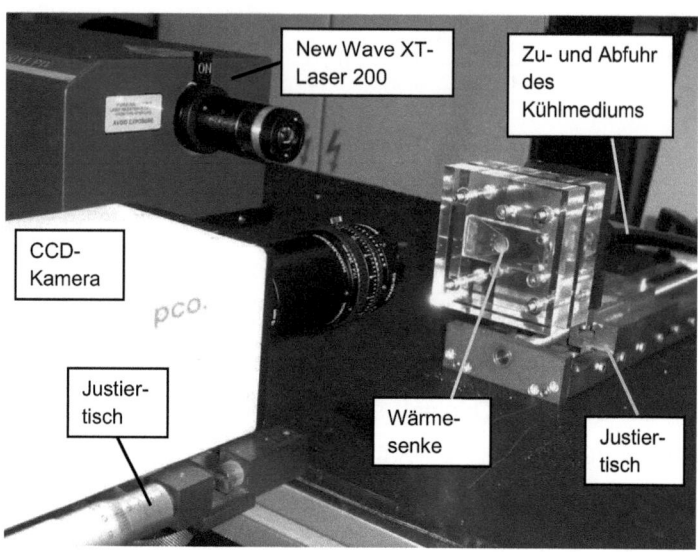

Abbildung 3-11: Anordnung der PIV-Messanlage mit XT-Laser 200, CCD-Kamera und Wärmesenke

Für die Bestimmung der Strömungsgeschwindigkeiten werden die PIV-Aufnahmen ausgewertet. Bereiche für die keine Berechnungen möglich sind, weil durch sie keine Flüssigkeit fließt, wie Kanalwände oder Bereiche, die durch ungünstige Belichtungsverhältnisse keine Daten liefern, werden manuell nachgezeichnet und bei der Auswertung ausgespart.

Die Partikelverschiebung auf den Aufnahmen ist in Pixel (pix) angegeben. Um daraus auf die Strömungsgeschwindigkeit in der Wärmesenke schließen zu können, müssen die Pixel in eine Längeneinheit umgerechnet werden. Dazu werden bekannte Längen, wie z.B. die Kanalwand oder der Kanaldurchmesser in Pixel abgemessen.

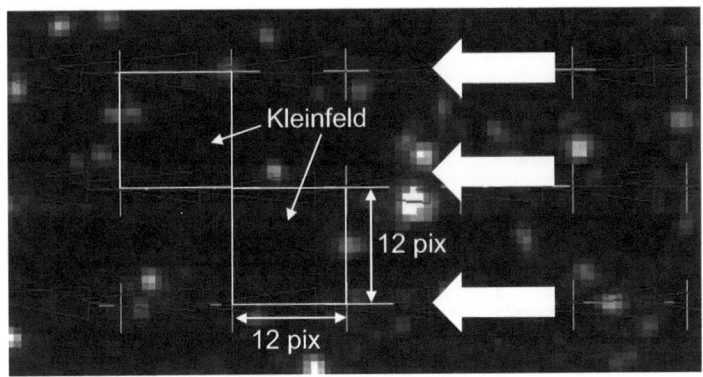

Abbildung 3-12: Aufnahme mit Darstellung eines Kleinfeldes

Aus Sicherheitsgründen werden mehrere Kanäle gewählt. Die Kanalwand ist 0,4 mm dick, der Kanaldurchmesser beträgt 0,6 mm. Mit der Pulszeit dt lassen sich nun die Geschwindigkeiten bestimmen:

Formel 3-9
$$v = \frac{ds \cdot M}{dt}$$

Für eine Vektorpfeillänge von ds = 12 pix bei einer Pulszeit von dt = 60 µs ergibt sich die Geschwindigkeit v in den oberen Kanälen bei einem Durchfluss $Q_1 = 0,4 \frac{\ell}{min}$ zu:

Formel 3-10
$$v = \frac{ds \cdot M}{dt} = \frac{12\,pix \cdot 0,6\,mm}{60\,\mu s \cdot 49\,pix} = 2,45 \frac{m}{s}$$

Anhand von Orientierung und Länge der Vektorpfeile ist ersichtlich, wie die Strömung innerhalb der Kanäle fließt. Die mittleren Kanäle weisen im Vergleich zu den äußeren, kürzere Pfeile auf, was auf eine geringere Strömungsgeschwindigkeit deutet (Abbildung 3-13).

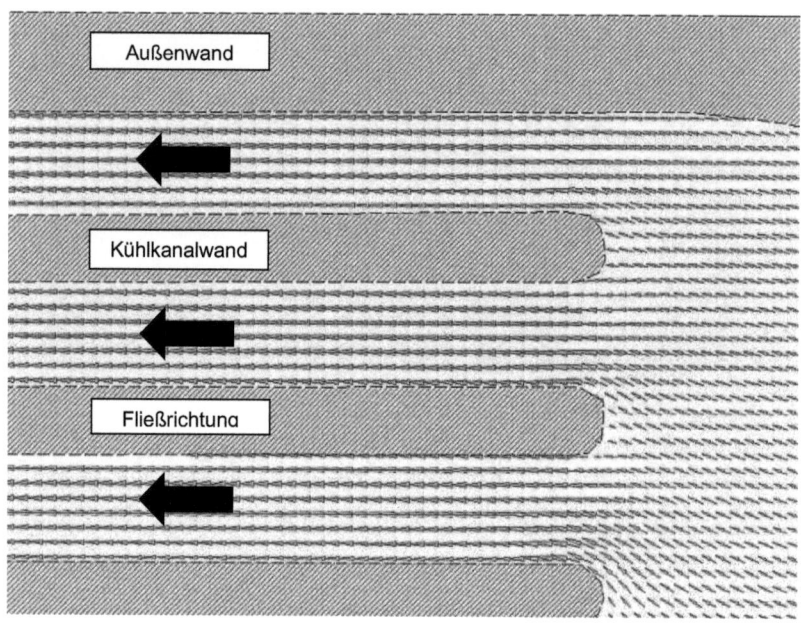

Abbildung 3-13: Strömungsgeschwindigkeiten in den äußeren Kanälen

Die so ermittelten Strömungsgeschwindigkeiten und –profile zeigen auf, ob die Kühlstruktur ideal ausgelegt ist bzw. genutzt wird. Neben der Möglichkeit zu überprüfen, ob die Kühlkanäle homogen durchströmt werden, zeigen die Aufnahmen auch Totwassergebiete, Bereiche mit Turbolenzen oder solche, in denen das Wasser entgegen der geplanten Strömungsrichtung fließt.

Im Rahmen der PIV Untersuchungen wird auch die Durchflussmenge variiert, um mögliche Einflüsse zu erkennen. Insbesondere in den Einlaufbereichen der Kühlstrukturen führen zu große Strömungsgeschwindigkeiten zu einer geringen Anströmung der Wärmeübergangsflächen. CFD-Strömungssimulationen zeigen dies bereits deutlich auf für einen Strömungsdurchfluss Q von 0,6 l/min.

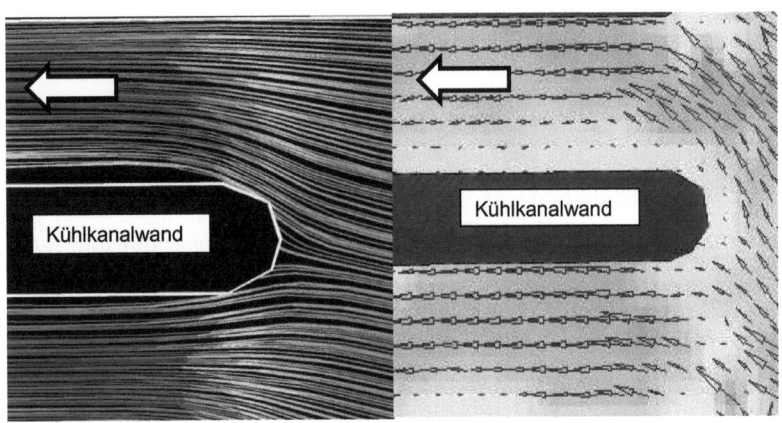

Abbildung 3-14: Vergleich des Strömungsverhaltens im Einlaufbereich, links CFD-Simulation, rechts PIV-Messung

Untersuchungen mittels PIV haben dieses Ergebnis bestätigt. Wandbereiche in den Außenbereichen der Wärmesenke, die der Strömungsrichtung abgewandt sind, zeigen nur sehr geringe Strömungsgeschwindigkeiten Abbildung 3-14). Für Geschwindigkeiten von 0,4 l/min ist dieser Effekt geringer. Durch eine geeignete Struktur der Kühlrippe z.B. eine in Einlaufrichtung gebogene Finne, kann dieser Effekt zusätzlich verringert werden.

4 Design von Wärmesenken

Im Rahmen dieser Arbeit werden sowohl konduktiv passive Wärmesenken als auch wassergekühlte Mikrokanalwärmesenken entwickelt. Beiden Konzepten gemein ist, dass der thermische Ausdehnungskoeffizient α kleiner 10 ppm/K, idealerweise im Bereich der Laserbarren von 6,8 ppm/K liegen soll. Die Anforderungen hinsichtlich der thermischen Aufgabe sind unterschiedlich und reichen vom Abtransport von z.B. 30 W thermischer Verlustleistung P_{therm} bis hin zu mehr als 150 W (Abbildung 4-1).

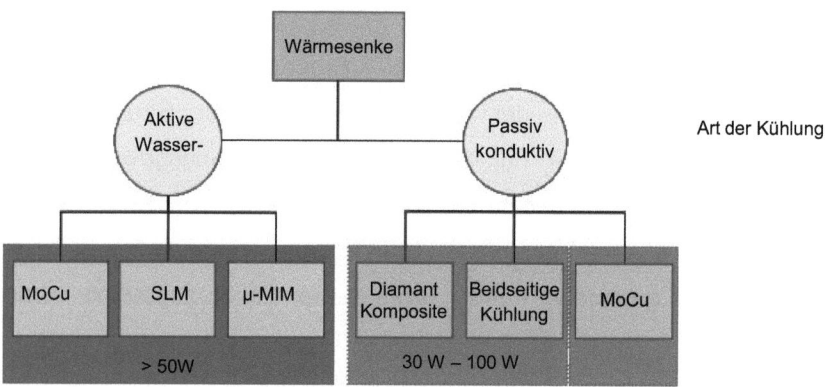

Abbildung 4-1: Übersicht der Wärmesenkenkonzepte und der nachfolgend untersuchten Wärmesenkentypen.

Zur Umsetzung werden unterschiedliche Materialien wie z.B. Diamant-Komposite, als auch Herstellungsverfahren wie z.B. Metallpulverspritzguss aus Molybdän-Kupfer (WCu) oder Sandwichaufbauten aus Molybdän-Kupfer (MoCu) mit untersucht. Parallel wird mit der beidseitigen Kühlung ein neues Wärmesenkenkonzept verfolgt.

Das Anforderungsprofil für eine Wärmesenke im Allgemeinen umfasst:

- thermischer Widerstand R_{th}
- thermischer Ausdehnungskoeffizient α
- elektrische Kontaktierung
- mechanische Fertigung und Bearbeitung
- Metallisierung der Wärmesenke
- Adaptierbarkeit
- Kosten

Im Rahmen der Designphase der Wärmesenken werden neben den Abmessungen der Wärmesenke, der thermische Widerstand R_{th} und der Ausdehnungskoeffizient α berücksichtigt.

4.1 Passive Wärmesenken

Der Einsatz von passiven Wärmesenken (CS-Mount genannt) ist weit verbreitet und wird aufgrund der stetig steigenden optischen Ausgangsleistung von HLDL weiter wachsen. Die Wärmesenke besteht aus Kupfer und hat in der Regel die Abmessungen von ca. 25 mm x 25 mm. Die Dicke variiert zwischen 5 und 8 mm. Zur Verbesserung der Lebensdauer werden bei diesem Kühlertyp ähnlich wie bei den aktiven Wärmesenken zur Anpassung der thermischen Ausdehnung vermehrt WCu Submounts eingesetzt (Abbildung 4-2).

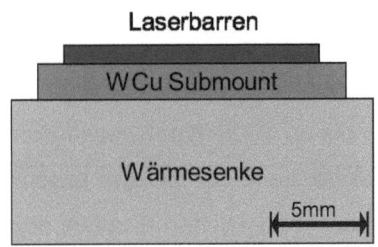

Abbildung 4-2: Schematischer Aufbau einer passiven Wärmesenke mit WCu Submount.

Auf diesen Submounts wird der Laserbarren mittels AuSn-Lot gelötet. Im Anschluss wird dieser Aufbau mit einem Weichlot auf die Wärmesenke gelötet und dann n-seitig kontaktiert. Neben der Tatsache, dass ein weiterer Montageschritt hierfür notwendig ist, verschlechtert sich der thermische Widerstand R_{th} für diesen Aufbau üblicherweise um 0,1 K/W aufgrund des Submounts.

Ansätze die bestehenden Lösungen zu verbessern, wären:
- Verwendung von hochleitenden Materialien, wie Diamant oder Diamant-Komposite Materialien
- Verzicht auf einen Submount durch den Einsatz von ausdehnungsangepassten Materialien bzw. Legierungen wie WCu für die gesamte Wärmesenke

Beide Ansätze sind getrennt voneinander zu betrachten. Die Verwendung von hochleitenden Materialien hat den Vorteil, dass neue Leistungsbereiche erschlossen werden können, in denen auf eine Wasserkühlung verzichtet werden kann. Eine passive Wärmesenke aus beispielsweise WCu wird hinsichtlich der thermischen Eigenschaften keine Verbesserung gegenüber derzeitigen Lösungen darstellen. Allerdings kann auf einen Montageschritt für den Submount verzichtet werden und somit die Produktionskosten reduziert werden.

4.1.1 Wärmesenken aus Diamant Komposite Materialien

Der Vorteil von thermisch hochleitenden Materialien wie Diamant liegt in der Wärmeleitfähigkeit κ von bis zu 2000 W/mK, etwa dem fünffachen Wert von Kupfer. Der thermische Widerstand R_{th} für eine passive Wärmesenke würde sich im Vergleich zu einer baugleichen Kupferwärmesenke bei gleichen Randbedingungen um den Faktor 5 reduzieren und somit Werte von wassergekühlten Wärmesenken erreichen. Diesem wichtigen Vorteil stehen aber eine Reihe von Nachteilen gegenüber. So ist generell die Verwendung von Diamant hinsichtlich der Kosten als kritisch einzustufen. Die Herstellung von Industriediamanten ist teuer und die mechanische Bearbeitung aufwendig. Ebenso ist der thermische Ausdehnungskoeffizient mit <2 ppm/K für einen Laserbarren zu gering und kann hier wieder zu induzierten mechanischen Spannungen im Laserbarren führen. Diamant ist elektrisch isolierend und erfordert somit eine gesonderte Lösung für die elektrische Kontaktierung [9, 51, 52].

Trotz der Vielzahl an Nachteilen kann eine Kombination mit beispielsweise einer Kupferwärmesenke sinnvoll sein, um zu einer Verbesserung zu führen. Auch Komposite-Materialien wie Silber- oder Kupfer-Diamant haben Wärmeleitfähigkeiten von 400 bis 600 W/mK und besitzen einen thermischen Ausdehnungskoeffizienten von 4 – 7 ppm/K [53, 54].

Diese Materialien sind als kleine Platten in submountähnlichen Abmessungen oder in den Dimensionen von Wärmesenken erhältlich. Die Wärmeleitfähigkeit κ variiert je nach Diamantanteil.

Im Rahmen dieser Arbeit wurden drei Komposite Materialien untersucht:

- Siliziumcarbid Diamant
- Silber Diamant
- Kupfer Diamant

Über die Herstellungsverfahren konnten von den Anbietern keine Informationen eingeholt werden, da es sich um geschütztes Wissen handelt. Tabelle 4-1 zeigt die thermischen Eigenschaften der Materialien, sowie eine Einschätzung hinsichtlich des Produktstatus.

Material	thermischer Ausdehnungskoeffizient α [ppm/K]	Wärmeleitfähigkeit κ [W/mK]	Produktstatus
Siliziumcarbid Diamant	~ 2	> 600	Entwicklung
Silber Diamant	7	400- 600	Produkt
Kupfer Diamant	6	400-600	Produkt

Tabelle 4-1:Überblick der thermischen Eigenschaften der Komposite Materialien [55, 53, 9]

Aufgrund der hohen Herstellungskosten werden für Untersuchungen nur von den jeweiligen Herstellern zur Verfügung gestellten Geometrien verwendet und für diese jeweils Designlösungen erarbeitet.

Siliziumcarbid Diamant

Siliziumcarbid Diamant (SCD) ist ein Sintermaterial aus eben den beiden Materialien. Die Eigenschaften werden durch die Verteilung und Größe der Diamantbestandteile bestimmt. Das Material hat die in Tabelle 4-2 aufgeführten mechanischen Eigenschaften.

Eigenschaften	Diamant Kristall	SCD
Dichte ρ [g/cm³]	3,5	3,3
Knoop Härte [GPa]	100	50 - 60
E-Modul [GPa]	1100	570 – 740
Thermische Ausdehnung α [ppm/K]	1	1,8 – 2,3
Wärmeleitfähigkeit κ [W/mK]	1000 - 2000	230 – 800

Tabelle 4-2: Mechanische Eigenschaften von Diamant und dem Sintermaterial SCD [55, 54]

Die breite Streuung einzelner Bereiche zeigt deutlich, welchen Einfluss Anzahl und Größe der Diamantbestandteile haben.

Das verwendete Material hat laut Herstellerangaben eine Wärmeleitfähigkeit κ von 600 W/mK und einen thermischen Ausdehnungskoeffizienten von 2,2 ppm/K. Die Oberfläche des Materials zeigt die beiden Bestandteile und REM Aufnahmen verdeutlichen die Verteilung. Die hellen weißen Körner in Abbildung 4-3 sind Diamantkörner, die dunklen SiC mit Binder, wobei die Korngröße zwischen 10 – 30 μm liegt. Das gesinterte Material hat eine raue Oberfläche und im Kantenbereich eine Vielzahl von Ausbrüchen.

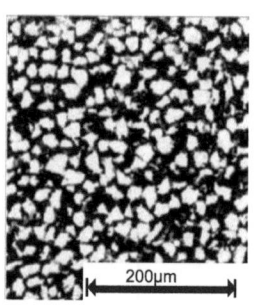

Abbildung 4-3: REM Aufnahme des SCD Materials.

Die Parallelität und Ebenheit der Flächen zueinander ist für die Anforderungen zur Diodenlasermontage nicht ausreichend. Des Weiteren gibt es nach Recherchen kein bekanntes Verfahren zur lötfähigen Gold-Metallisierung dieser Materialpaarung. Diese Tatsachen erfordern ein Wärmesenkendesign, welches die Unebenheit, den geringen thermischen Ausdehnungskoeffizienten α und die unzureichende Parallelität kompensiert. Dazu werden Möglichkeiten gesucht, das SCD Material mit Kupfer zu verbinden. Dies hat den Vorteil, dass Kupfer hinsichtlich Metallisierung und Oberflächenbearbeitung ein bekanntes Material ist. Zusätzlich wird die Schichtdicke des Kupfers so ausgelegt, dass der geforderte thermische Ausdehnungskoeffizient α eines Laserbarrens von 6,8 ppm/K erreicht wird. Über FEM-Berechnungen wird die Schichtdicke ermittelt.

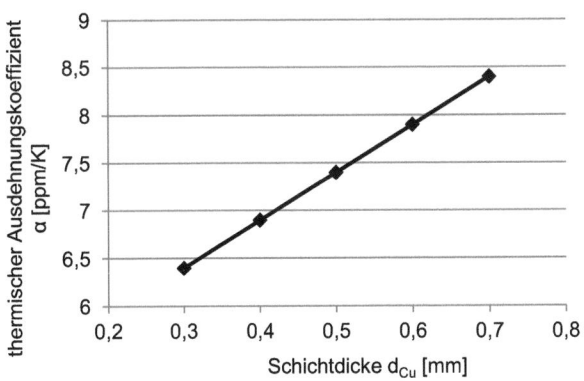

Abbildung 4-4: Ergebnisse der FEM-Berechnung zur Bestimmung der Kupferschichtdicke d_{Cu}

Dazu wird eine d_{Cu} = 0,3 mm dicke Kupferschicht benötigt bei einer Dicke d des SCD Materials von 3 mm und Abmessungen von 20 x 20 mm² (Abbildung 4-4).

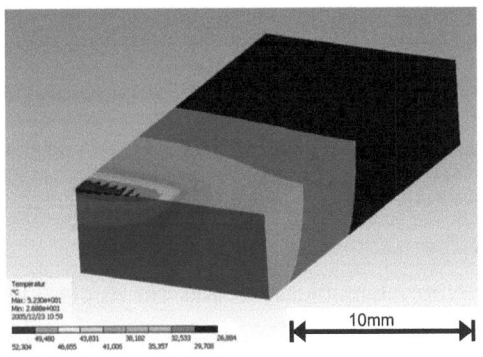

Abbildung 4-5: FEM-Berechnung der Temperaturverteilung einer halben SCD Wärmesenke mit verlötetem Kupferblech auf Ober- und Unterseite

Die FEM-Berechnung liefert bei einer Cu-Dicke d_{Cu} von 0,3 mm auf beiden Seiten einen thermischen Widerstand R_{th} von 0,7 K/W (Abbildung 4-5). In der Simulation ist eine 100 µm gleichmäßig dicke ideale Fügeschicht mit einer

Wärmeleitfähigkeit κ von 50 W/mK für die Verbindung von Kupfer zu SCD angenommen

Auf beiden großen Flächen werden Kupferbleche mit einer Dicke von 6 mm in einem Hartlötverfahren mit dem SCD Material verbunden. Die Dicke hat den Vorteil, dass im Anschluss die mechanischen Arbeiten so durchgeführt werden, dass die geforderten Werte für Ebenheit und Parallelität erreicht werden können. Im letzten Schritt wird über die Ultrapräzisionsbearbeitung die Oberflächenrauheit von $R_a < 0,1$ µm erreicht (Abbildung 4-6).

Abbildung 4-6: SCD Wärmesenke mit aufgelöteten und vergoldeten Kupferblechen

Im Anschluss folgt eine galvanische Nickel-Gold Beschichtung, die zum Löten notwendig ist.

Wärmesenken aus Silber-Diamant

Eine ähnliche gute Wärmeleitfähigkeit κ wie ein Kupfer-Diamant Komposite hat auch das Silber-Diamant Komposite Material. Nach Angaben des Herstellers liegt der Wert zwischen 550 – 600 W/mK. Das gesinterte grobkörnige Material wird mit einer Silberfolie umzogen, um so eine geschlossene und für die Montage von HLDL verwendbare Oberfläche zu haben. Die Wärmesenke wird mit den Abmessungen 20 x 20 x 6 mm^3 entworfen.

Aufgrund der thermischen Eigenschaften und der Tatsache, dass sich die Wärmesenke aus dem gesamten Sintermaterial zusammensetzt, lässt sich mit dieser Variante ein thermischer Widerstand R_{th} zwischen 0,5 – 0,7 K/W realisieren. Genauere Werte lassen sich nicht berechnen, da die thermischen und mechanischen Eigenschaften nicht im Detail bekannt sind. Hinsichtlich der thermischen Ausdehnung ist der Einfluss der Silberfolie näher zu untersuchen. Das gesinterte Material hat nach Herstellerangaben einen Ausdehnungskoeffizienten α von 6 ppm/K.

4.1.2 Wärmesenken aus Molybdän-Kupfer

Ein weiterer Ansatz für eine ausdehnungsangepasste passive Wärmesenke ist ein Aufbau mit Kupfer und Molybdän. Dabei wird ein Kupfergrundkörper verwendet, auf den auf beiden Seiten Kupfer-Molybdän-Kupfer Schichten gefügt werden (Abbildung 4-7). Die Kupferschichten werden in einem galvanischen Prozess auf das Molybdän aufgebracht. Im Vergleich zu den Diamant-Komposite Materialien sind die verwendeten Materialien in der Beschaffung und Verarbeitung günstiger. Das Ziel dieses Wärmesenkendesigns ist, eine kostengünstige Alternative darzustellen.

Der wichtigste Parameter hinsichtlich des Ausdehnungsverhaltens ist die Dicke der Molybdänschicht. Aus diesem Grunde wird eine Sandwichstruktur gewählt, bei der sich auf beiden Seiten Kupfer befindet. Die Anordnung und Dicke der Kupferschicht ist symmetrisch, um zu vermeiden, dass sich der Schichtaufbau aufgrund seines Verhaltens wie ein Bi-Metall verbiegt.

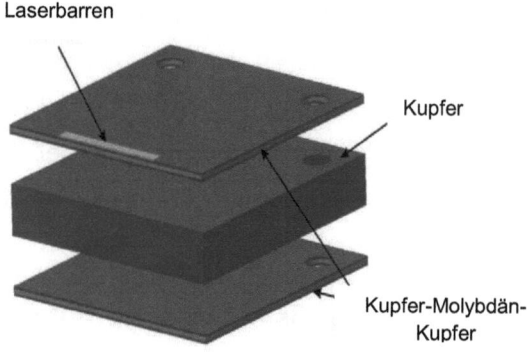

Abbildung 4-7: Schematischer Aufbau der Wärmesenke

Mittels FEM-Berechnungen werden die Temperarturverteilung, Wärmefluss, mechanische Spannung im Laserbarren und thermische Ausdehnung ermittelt. Die Berechnungen werden für einen Grundkörper mit den Abmessungen 20 x 20 mm2 durchgeführt. Die Berechnungen ergeben für eine Kupferschicht von dCu = 0,1 mm und einer Molybdänschichtdicke von dMo = 0,6 mm einen thermischen Ausdehnungskoeffizienten α von 8,7 ppm/K (Abbildung 4-8).

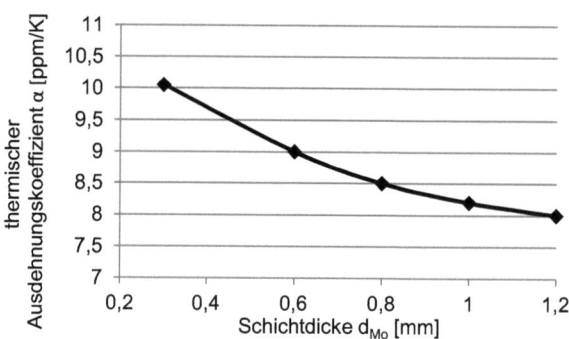

Abbildung 4-8: FEM-Berechnung des thermischen Ausdehnungskoeffizienten α in Abhängigkeit der Molybdän Schichtdicke d_{Mo}

Dickere Molybdänschichten, die den Ausdehnungskoeffizienten weiter reduzieren würden, sind nicht beim Hersteller verfügbar. Dies hat zur Folge, dass so keine ideal angepasste Wärmesenke zu realisieren ist. Der berechnete thermische Widerstand für einen Laserbarren mit 1,5 mm Resonatorlänge R_L beläuft sich auf 1 K/W.

Da die technische Umsetzung dieser Wärmesenke einfach zu realisieren ist und die Differenz zum geforderten thermischen Ausdehnungskoeffizienten α lediglich bei 2 ppm/k liegt, wird dieses Konzept jedoch weiter verfolgt.

4.1.3 Beidseitige passive Kühlung mit WCu Wärmesenken

Die beschriebenen Konzepte zur passiven Kühlung von HLDL beruhen alle auf dem Ansatz, die thermische Verlustleistung P_{therm} einseitig von der p-Seite des Laserbarrens abzuführen. Der Wärmetransport über die n-Kontaktierung, wie Kupfer-Deckelblech bzw. Drahtbonds, wird bei den Berechnungen nicht berücksichtigt, da dieser zu vernachlässigen ist bzw. ebenfalls über die p-Seite abgeführt wird.

Ein weiterer Ansatz, um die thermische Leistung P_{therm} einer Wärmesenke zu verbessern, ist die zusätzliche Abfuhr über den n-Kontakt. Diese Idee wurde in der Vergangenheit angewendet, um im Rahmen von Rekordversuchen, bei denen die maximal mögliche optische Ausgangsleistung von Laserbarren versucht wurde zu erreichen, einen größeren Abtransport der Verlustleistung zu bewirken und damit die thermische Last zu reduzieren. Dabei wird der Laserbarren zwischen zwei wassergekühlten Mikrokanalwärmesenken platziert und über ein Weichlot thermisch und elektrisch kontaktiert [56].

Gegenüber den Anforderungen beim beidseitigen Kühlen mit Wasser bei Rekordversuchen, sind die Anforderungen bei einer passiven Lösung nachfolgende:

- Thermisch ausdehnungsangepasstes Design
- Verwendung des AuSn-Lotes
- Kostengünstige Herstellung der Wärmesenken
- Elektrische Kontaktierung über Leitplanen auf einer Keramikplatine
- Reduzierung der Anforderung an die Wärmesenke zur Montage des Laserbarrens
- Umsetzbar in Großserien (bis zu 1 Million Stück pro Jahr)

Die Aufgabenstellung beinhaltete neben einen Designvorschlag zur Kühlung auch den Montageprozess anzupassen. Um eine ausdehnungsangepasste Wärmesenke zu entwickeln und gleichzeitig die Verwendung des AuSn-Lot zu gewährleisten, wird die Legierung WCu (90/10) als Basismaterial verwendet. Der Aufbau erfolgt auf einer strukturierten vergoldeten Aluminiumnitrid Keramik (AlN). Die Keramik hat zum eine mit ca. 150-180 W/mK eine gute Wärmeleitfähigkeit κ, zum anderen ist der thermische Ausdehnungskoeffizient α von 4,5 – 5 ppm/K nur etwas kleiner als der der Laserbarren von 6,8 ppm/K [57].

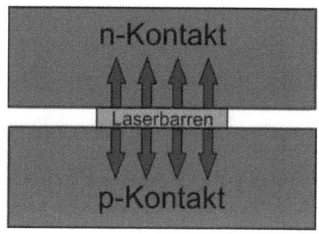

Abbildung 4-9: Schematischer Aufbau einer Wärmesenken zur beidseitigen Kühlung. Die Pfeile symbolisieren den Abtransport der thermischen Verlustleistung P_{therm}

Für eine möglichst effiziente Kühlung eines Laserbarrens wird die Austrittsrichtung des Laserstrahls gegenüber der üblichen Konfiguration geändert. Der Laserbarren wird zwischen den beiden Wärmesenken verlötet und aufrecht mit einer Keramik verbunden (Abbildung 4-9). Die Variation der Höhe (z-Richtung) der Wärmesenke in der FEM-Berechnung für einen Grundkörper mit der Breite von b = 16 mm (x-Richtung) einer Dicke von d = 2 mm zeigt, dass ab einer Höhe von h = 8 mm die Temperatur sich bei einem konstanten Wert einpendelt (Abbildung 4-10).

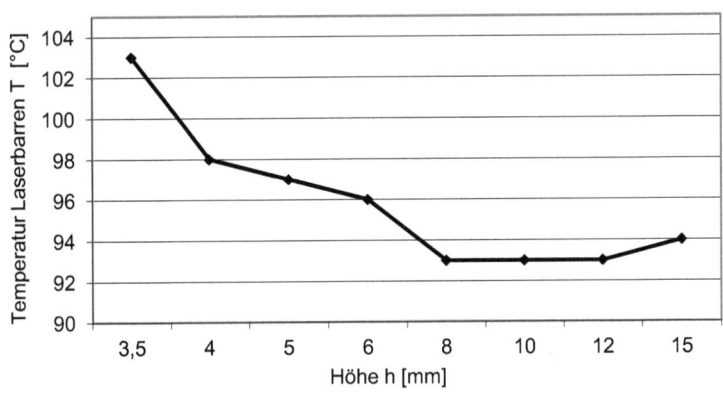

Abbildung 4-10: Einfluss der Wärmesenkenhöhe auf die maximale Temperatur am Laserbarren berechnet in einer FEM Simulation

Für die Berechnungen ist ein Laserbarren mit einer Resonatorlänge R_L von 1,3 mm und einem Füllfaktor von 30 % ausgewählt worden. Weiterverfolgt wird eine Höhe von h = 5 mm. Im nächsten Schritt wird mittels weiterer FEM-Berechnungen, die ideale Breite der p- und n-seitigen Wärmesenke bestimmt (Abbildung 4-11). Ziel ist es dabei, dass sich eine homogene Temperaturverteilung auf der Kontaktfläche zur Keramik einstellt. Dies ist notwendig, damit keine zusätzlichen Kräfte und Spannungen aufgrund unterschiedlicher thermischer Ausdehnungen auf den Laserbarren wirken.

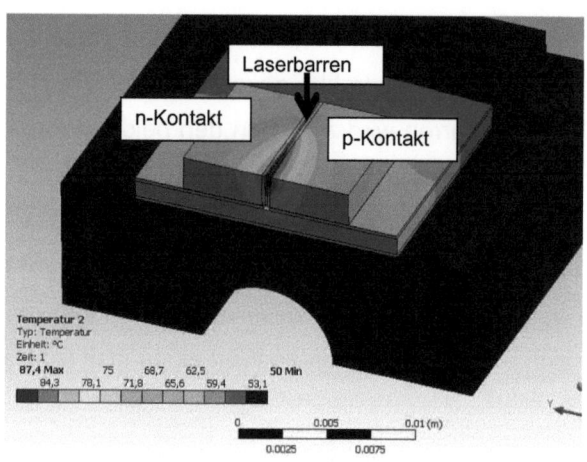

Abbildung 4-11: FEM-Berechnung der Temperaturverteilung bei P_{therm} = 60 W

Randbedingung bei der Berechnung ist, dass beide Wärmesenken aus WCu und auf die AlN Trägerplatte verlötet sind.

Die Simulationen zeigen eine gering unterschiedliche Temperaturverteilung auf beiden Wärmesenken. Diese ist ohne konstruktive Änderungen auf der p-seitigen Wärmesenke nicht anpassbar.

4.2 Aktive Wärmesenken

4.2.1 Wärmesenken aus Molybdän-Kupfer

Molybdän besitzt einen thermischen Ausdehnungskoeffizienten α bei Raumtemperatur von ca. 5 ppm/K. Dieser liegt ca. 1,5 ppm/K unter dem eines Laserbarrens aus GaAs. Um eine ideale Anpassung zu realisieren, wird eine Molybdänschicht galvanisch mit einer Kupferschicht versehen. Dabei dient das Kupfer dazu, den Ausdehnungskoeffizienten auf 6 - 7 ppm/K anzuheben.

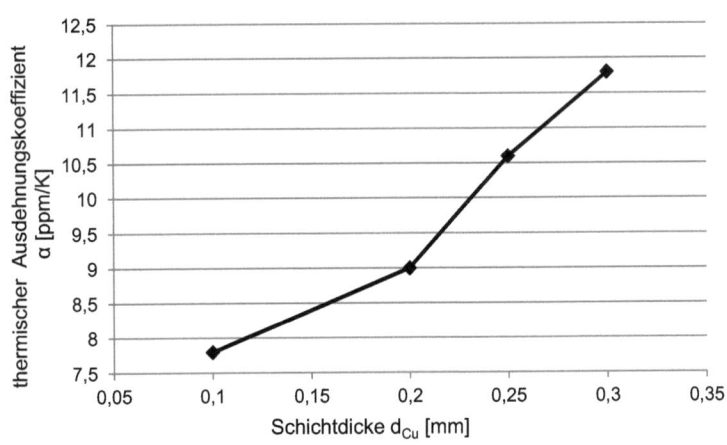

Abbildung 4-12: FEM-Berechnung der Kupfer Schichtdicke d_{Cu}

Bei einem linearen Verhalten der beiden thermischen Ausdehnungskoeffizienten α ergibt sich aus den FEM-Berechnungen für einen Schichtaufbau von Cu-Mo-Cu bei einer Molybdän Dicke von d_{Mo} = 0,3 mm und Kupfer auf beiden Seiten von d_{Cu} = 0,1 mm einen minimalen thermischen Ausdehnungskoeffizienten α von 7,8 ppm/K (Abbildung 4-12). Die Schichten haben eine Grundfläche von 10 x 20 mm².

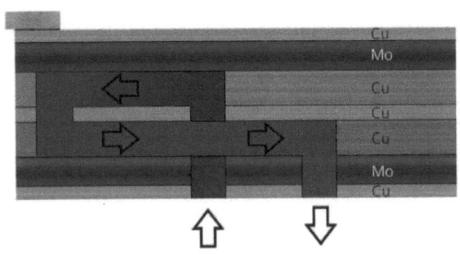

Abbildung 4-13: Schematischer Aufbau der MoCuWärmesenke

Im nächsten Schritt werden Simulationen für 7 Schichten durchgeführt, welche in erster Näherung einem möglichen Aufbau für eine wassergekühlte Wärmesenke entsprechen. Der Aufbau beinhaltet zweimal einen Cu-Mo-Cu Aufbau, sowie ein Kupferkörper, der die beiden Cu-Mo-Cu Schichten verbindet (Abbildung 4-13). Die Kupferschichten auf dem Molybdän werden galvanisch aufgebracht. Um ein gleichmäßiges Ausdehnungsverhalten zu gewährleisten, ist es notwendig, dass die Molybdänschichten im Aufbau symmetrisch angeordnet sind. Zur Verbindung der Cu-Mo-Cu Schicht wird eine weitere Kupferschicht benötigt (Abbildung 4-14).

Abbildung 4-14: Anordnung und Schichtdicken der Wärmesenke

Die einzelnen Bauteile werden, nachdem sie metallisiert wurden, im Reflow-Lötprozess gefügt. Die Berechnungen dieses Aufbaus zeigen einen thermischen Ausdehnungskoeffizienten α von mehr als 10 ppm/K für einen Aufbau mit einer Kupferdeckschicht d_{Cu} von 0,1 mm (Abbildung 4-15).

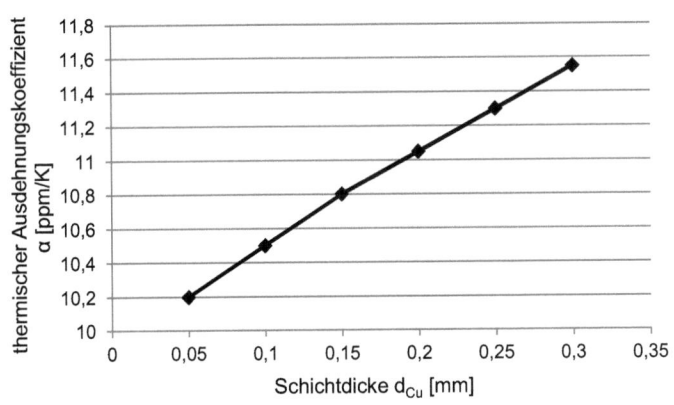

Abbildung 4-15: FEM-Berechnung Schichtdicke d_{Cu} von Kupfer

Da es sich bei der FEM-Berechnung um einen Vollkörper handelt (Abbildung 4-14), ist davon auszugehen, dass eine Reduktion des Kupferanteils zwischen den beiden Molybdän Schichten durch die Kühlstruktur zu einer Abnahme des thermischen Ausdehnungskoeffizienten α führt. Um dies zu verifizieren, wird ein 3-D CAD Modell einer Wärmesenke inklusive Kühlstruktur konstruiert und anschließend das thermische Verhalten berechnet. Dabei ist zum einen der thermische Ausdehnungskoeffizient α im Bereich des Laserbarrens wichtig (Abbildung 4-16), zum anderen muss auch die Deformation des Körpers untersucht werden. Aufgrund der Kühlstruktur kann nicht über das gesamte Bauteil eine symmetrische Anordnung von Molybdän und Kupfer gewährleistet werden. Eine Deformation in x-Richtung würde die Strahleigenschaften stark beeinflussen und so eine Umsetzung des Designs verhindern. Die Kühlstruktur im Montagebereich des Laserbarrens besteht aus 21 Kanälen mit einer Länge von l = 3,15 mm und einer Breite von b = 0,3 mm. Die Stege zwischen den Kanälen haben eine Breite von b = 0,2 mm.

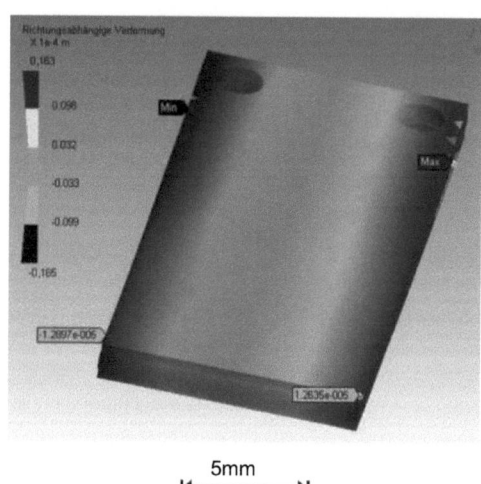

Abbildung 4-16: FEM-Berechnung der thermischen Ausdehnung für eine Kupferschichtdicke d_{Cu} = 0,1mm

Die Stege der Kühlstruktur sorgen durch ihre Abmessungen für ausreichende Steifigkeit. Die FEM-Berechnungen zeigen einen thermischen Ausdehnungskoeffizienten α von 7,5 ppm/K und einen thermischen Widerstand R_{th} von ca. 0,5 K/W bei fest definierten Wärmeübergangskoeffizienten $α_{Wü}$ von 50.000 W/m²K im Bereich der Kühlstruktur und 10.000 W/m²K an den Randflächen und in der Einlaufzone vor den Kühlkanälen.

Im nächsten Schritt werden Strömungssimulationen durchgeführt, die Aufschluss über die genauen Wärmeübergangskoeffizienten $α_{Wü}$ und die Strömungsgeschwindigkeiten V geben. Dabei wird als Randbedingung für die Berechnungen angenommen, dass Kühlwasser mit einem Durchfluss von Q = 0,5 l/min durch die Wärmesenken strömt und der Druckverlust zwischen Ein- und Auslauf bei 1 bar liegt. Die Berechnung der Strömungsgeschwindigkeiten durch die CFD Simulation geben Aufschluss über Geschwindigkeitsspitzen, wie auch über mögliche Totwassergebiete mit geringer Fließgeschwindigkeit (<0,1 m/s). Im Bereich des Rücklaufes werden Geschwindigkeiten von über 9 m/s erreicht. Zusätzlich zu den

Geschwindigkeiten zeigen diese Simulationen auch, ob die Durchströmung der Kühlstruktur homogen ist (Abbildung 4-17).

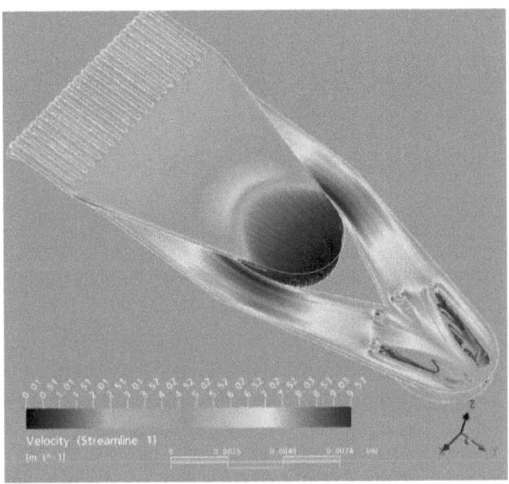

Abbildung 4-17: Berechnete Strömungsgeschwindigkeiten innerhalb der Wärmesenke mittels CFD-Simulation

Dies ist zwingend notwendig für eine effiziente Kühlung des Laserbarrens. Inhomogenitäten können zu lokalen Überhitzungen führen und somit direkten Einfluss auf die Lebensdauer des Laserbarrens haben.

Zur Umsetzung des Designs wird die Kühlstruktur in das galvanisch aufgebrachte Kupfer unterhalb des Molybdäns gefräst, sowie auch der Rücklauf des Kühlwassers. Dabei wird eine Restdicke des Kupfers von 20 µm zur Molybdänschicht gelassen. FEM-Berechnungen haben gezeigt, dass je dünner die Kupferschicht zwischen Laserbarren und Kühlwasser ist, desto besser der Abtransport der thermischen Verlustleistung ist.

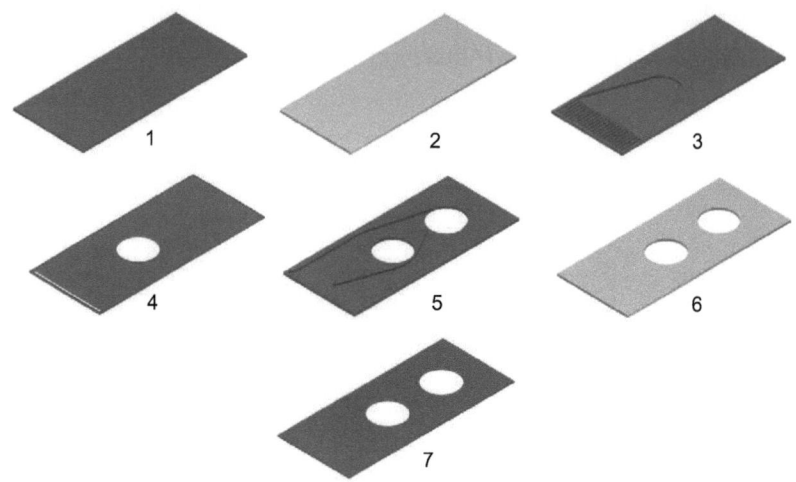

Abbildung 4-18: 3-D CAD Darstellung der Schichten 1 bis 7 der MoCo Wärmesenken

Die mittlere Kupferschicht (5) dient als Trennschicht zwischen den beiden Cu-Mo-Cu Blöcken. Im unteren Block wird die Einlaufstruktur gefräst. Aus Sicht der Konstruktion und Fertigung sind die Schichten 1 und 7, sowie 2 und 6 identisch (Abbildung 4-18), wobei diese aus Molybdän bestehen.

4.2.2 SLM Wärmesenke

Das generative Fertigungsverfahren Selective Laser Melting (SLM) bietet für die Fertigung von Wärmesenken eine gute gestalterische Flexibilität. Zusätzlich liegt in der Kombination mit neuen, im Allgemeinen schwer zu verarbeitenden Werkstoffen wie z.B. Titan, Nickel oder Chrom, die Möglichkeit neue Mikrokanalwärmesenken für Hochleistungs-Diodenlaser zu entwickeln. Das zentrale Ziel besteht darin, die Lebensdauer und die Zuverlässigkeit der aus Wärmesenke und Laserbarren bestehenden Aufbauten gegenüber dem Stand der Technik zu erhöhen und damit die Wirtschaftlichkeit aller hierauf aufbauenden Lasersysteme deutlich zu verbessern [58, 59].

Neben dem notwendigen Kriterium, dass Wärmesenken ausdehnungsangepasst sind, bietet das SLM-Verfahren durch die zur Anwendung kommenden Werkstoffe weitere Möglichkeiten zur Verbesserung der Lebensdauer:

- Verringerung von Erosions- und Korrosionseffekten in der Wärmesenke durch das Kühlwasser
- Größere Gestaltungsfreiheit bezüglich der inneren Struktur der Wärmesenke
- Herstellung der Wärmesenke mit innenliegenden Hohlräumen und Kanälen aus einem Stück
- Geringerer Aufwand bei der Variation der inneren und äußeren Wärmesenkengeometrie
- Vereinfachtes Handling der Wärmesenken über den gesamten Fertigungs- und Montageprozess aufgrund der höheren Festigkeit durch die Verwendung von Materialien wie z.B. Ni, Cr oder Ti

Hinsichtlich der konventionellen Herstellung von Mikrokanalwärmesenken aus Kupfer können 4 Prozessschritte zu einem zusammengefasst werden (Abbildung 4-19).

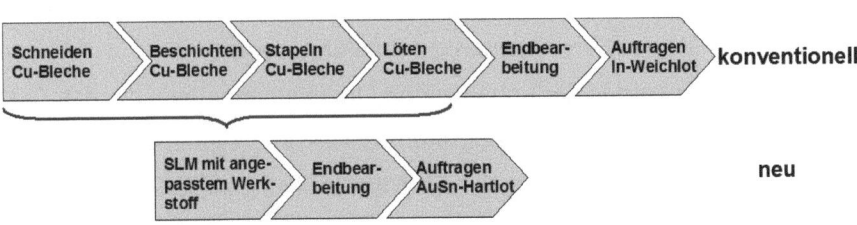

Abbildung 4-19: Darstellung der konventionellen und der angestrebten Prozessketten für die Herstellung von Mikrokanalwärmesenken

Die möglicherweise zum Einsatz kommenden Metalle besitzen im Vergleich zu Kupfer eine deutlich geringere Wärmeleitfähigkeit κ (Tabelle 4-3).

Werkstoff	Wärmeleitfähigkeit κ [W/(m·K)]	therm. Ausdehnungs-koeffizient α [ppm/K]	Schmelz-punkt T_L [°C]	Dichte ρ, [g/cm³]
Chrom ($_{24}$Cr)	94	4,9	1907	7,14
Eisen ($_{26}$Fe)	80	11,8	1538	7,87
Molybdän ($_{42}$Mo)	139	4,8	2623	10,28
Kupfer ($_{29}$Cu)	400	16,5	1084	8,92
Nickel ($_{28}$Ni)	91	13,4	1455	8,91
Titan ($_{22}$Ti)	22	8,6	1668	4,51

Tabelle 4-3: Physikalische und thermische Eigenschaften möglicher Metalle für das SLM - Verfahren [60, 61]

Die Auslegung der Wärmesenke berücksichtigt die Randbedingungen wie Bauteilabmessungen und Wasseranschlüsse. Die Wärmesenke hat eine Höhe h = 1,5 mm und eine Breite b = 12 mm sowie eine Länge l = 26 mm. Die Kühlstruktur besteht aus 22 Kanälen mit einer Breite b = 0,3 mm. Strömungssimulationen in Vorfeld werden durchgeführt, um eine homogene Ausnutzung der Kühlstruktur zu gewährleisten. Hinsichtlich des thermischen Wärmeübergangskoeffizientens $α_{Wü}$ an der Innenseite der Wärmesenke können zunächst keine Simulationen durchgeführt werden. Der Grund hierfür liegt in der unbekannten Oberflächenrauheit, die das SLM-Verfahren erzeugt. Hinsichtlich des thermischen Widerstandes R_{th} wird ein Wert von 0,5 K/W angestrebt, wobei die Wärmeleitfähigkeit κ der zur Auswahl stehenden Materialien (Tabelle 4-3) im Vergleich zu Kupfer deutlich geringer ist (z.B. Mo ~140 W/mK). Die Auswahl der Materialen erfolgt in der praktischen Umsetzung. Das SLM-Verfahren ermöglicht aufgrund seiner Gestaltungsmöglichkeiten eine strömungsoptimierte und somit effizientere Auslegung der Wärmesenke.

4.2.3 Mikro-Metallpulverspritzguss Wärmesenke

Der Mikro-Metallpulverspritzguss (µ-MIM) ist ein flexibles Fertigungsverfahren, welches die Produktion komplexer Bauteile in einer großen Vielfalt von Materialien erlaubt (Abbildung 4-20). Der Einsatz einer neuen, speziell an technische Vorgaben angepasste Werkstoffkombination erfordert beim µ-MIM besondere Anforderungen an die eingesetzten Pulver (bzgl. Form und Partikelgröße), die Binderzusammensetzung, die Abformung sowie an Entbinderungs- und Sinterungsprozesse.

Abbildung 4-20: Prinzipieller Fertigungsablauf des µ-Metallpulverspritzgusses

Für die Umsetzung werden sehr homogene Gefüge benötigt, die durch sehr geringe Korngrößen (d_{50} < 5 µm) realisiert werden. Für den Spritzvorgang wird ein Binder verwendet, der aus Polymeren und Wachsen besteht. Das Entbinden wird über einen Zeitraum von 4 Stunden durchgeführt, um Hohlstellen zu vermeiden [62, 63].

Das µ-MIM erlaubt eine ökonomische Massenproduktion von endkonturnahen und komplexen Bauteilen. Insbesondere für sehr große Stückzahlen (> 1.000 Stück) ist es eine sehr günstige Methode und bietet die Möglichkeit die Kosten pro Wärmesenke zu reduzieren. Neben den wirtschaftlichen Gründen eignet sich das µ-MIM auch für eine Vielzahl von Metallen und Legierungen und bietet aus technischen Aspekten hier weitere Möglichkeiten zu den bereits beschriebenen Verfahren. Mögliche Zusammensetzungen sind Kupfer mit Molybdän oder Kupfer mit Wolfram in einem Mischungsverhältnis, welches dem thermischen

Ausdehnungskoeffizienten α des GaAs Laserbarrens entspricht. Aufgrund der guten Stoffeigenschaften, wie Wärmeleitfähigkeit κ und thermischer Ausdehnungskoeffizient α werden in erster Betrachtung thermische Widerstände R_{th} von kleiner 0,5 K/W angestrebt.

In der (Tabelle 4-4) ist dargestellt, welche theoretischen Werte bei unterschiedlichen Zusammensetzungen möglich sind und welche thermische Ausdehnung bei einer idealen Dichte von 100 % erreicht werden können.

In der Vergangenheit hat es viele Versuche gegeben, Wolfram-Kupfer oder Molybdän-Kupfer Bauteile mittels μ-MIM herzustellen. Da die jeweiligen Metalle wie sogenannte Pseudo-Legierungen agieren, ist die Vermischung eine große Herausforderung. Dies beruht auf der Tatsache, dass die Aktivierungsenergien zwischen Kupfer und Wolfram oder Molybdän sehr gering sind. Diese Eigenschaft erschwert den Sinterungsprozess, der das μ-MIM Verfahren abschließt [64, 65, 66].

Eine Wärmesenke in der Zusammensetzung WCu 90/10 hinsichtlich der Massenverhältnisse erreicht einen theoretischen thermischen Ausdehnungskoeffizienten α von ca. 6,8 ppm/K und wäre somit ideal dem Laserbarren angepasst.

	W/Mo wt%	Cu wt%	W/Mo vol%	Cu vol%	Dichte [g/cm³]	therm. Ausdehnungskoeffizient α [ppm/K]
WCu	70	30	51,9	48,1	14,3	10,2
WCu	75	25	58,1	41,9	15	9,4
WCu	80	20	64,9	35,1	15,7	8,6
WCu	85	15	72,4	27,6	16,4	7,7
WCu	90	10	80,6	19,4	17,3	6,7
MoCu	75	25	72,3	27,7	9,9	8,4
MoCu	70	30	67	33	9,8	9

Tabelle 4-4: Dichte und thermischer Ausdehnungskoeffizient abhängig von der Materialzusammensetzung [67]

Für die Umsetzung wird eine Wärmesenke aus drei Teilen vorgesehen (Abbildung 4-21). Die Grünlinge können nach dem Spritzgussprozess Co-gesintert werden, so dass die Wärmesenke nicht noch einmal extra verlötet werden (Abbildung 5-14). Eine weitere Möglichkeit ist, die drei Bauteile separat zu sintern und im Anschluss über einen Fügeprozess, z.B. einen Diffusionsprozess, zu verbinden.

Abbildung 4-21: Die drei Körper der Wärmesenke "Boden", "Mitte" and "Top" (v.l.n.r.).

Die obere Ebene der Wärmesenke (*Top*) ist mit der Kühlstruktur versehen. Die mittlere dient als Trennebene (*Mitte*) und über die untere Ebene (*Boden*) wird der Wasserzu- und -ablauf realisiert. Die Kühlstruktur besteht aus 9 Kanälen, die im gesinterten Zustand eine Länge von 3.75 mm und eine Breite von 0,5 mm haben. Je nach Werkstoffkombination ist von einem Schrumpf auf Grund des Sinterns von bis 20 % auszugehen. Der Schrumpf muss bei der Auslegung der Werkzeuge für den Spritzgussprozess mit berücksichtigt werden. Alle drei Ebenen haben die gleiche Bauteildicke. Die Wärmesenke hat nach der Sinterung eine Dicke von ca. 3 mm ohne mechanische Endbearbeitung.

Das Wärmesenkendesign ist hinsichtlich des thermischen Ausdehnungskoeffizienten α berechnet worden. Bei einer Werkstoffzusammensetzung von WCu 90/10 und MoCu 80/20 liegen die errechneten Werte im Bereich der geforderten 6 - 7ppm/K. Das Design sieht vor, die Bauteile über den Co-Sinterungsprozess zusammenzufügen. Dies ist von Bedeutung für die Konstruktion und Auslegung im Vorfeld. Die Fügezonen zwischen den Bauteilen sind so gewählt, dass die Wärmesenke nach dem Sinterungsprozess den geometrischen Anforderungen entspricht und keine mechanischen Nacharbeiten notwendig sind. Werden jedoch die Bauteile einzeln gesintert, ist davon auszugehen, dass diese windschief sind und weitere Schritte zur Nachbearbeitung notwendig sind.

Neben technischen Vorteilen bietet das Spritzgussverfahren auch die Möglichkeit bei großen Stückzahlen ab 10.000 Stück die Kosten pro Wärmesenke deutlich zu reduzieren. Die zur Herstellung notwendigen Spritzgusswerkzeuge erfordern einmalige Investitionskosten von ca. 15.000- 25.000 Euro für ein Werkzeug, in welchem bis zu 4 Bauteile pro Schritt hergestellt werden können. Vorstellbar sind Spritzgusswerkzeuge, in denen bis zu 200 Bauteile in einem Schritt abgeformt werden können.

Die im Spritzgussprozess verwendeten Materialien werden annähernd vollständig verarbeitet. Reste wie der Anguss werden dem Materialkreislauf wieder zugeführt und wiederverwendet. Die benötigte Menge an Wolfram und Kupfer für Wärmesenken ist gering und liegt je nach Zusammensetzung und

Design bei bis zu 10 g. Das Spritzgussverfahren zeichnet sich zusätzlich durch seine gute Zuverlässigkeit und Reproduzierbarkeit aus.
Neben den Kosten zur Fertigung der Werkzeuge gibt es eine Reihe von weiteren Punkten, die den Preis beeinflussen:

- Partikelgröße des Pulvers
- Sinterungsprozess
- Mechanische Nachbearbeitung
- Metallisierung der Wärmesenke

Eine sorgfältige erste Abschätzung zeigt, dass eine Wärmesenke, die im µ-MIM-Verfahren hergestellt wird, für die reinen Herstellungskosten ab einer Stückzahl von 10.000 Stück unter 10 Euro pro Wärmesenke liegt. Dabei werden ein Werkzeugpreis von ca. 25.000 Euro, sowie die Endbearbeitung und Metallisierung der Wärmesenke berücksichtigt (Abbildung 4-22).

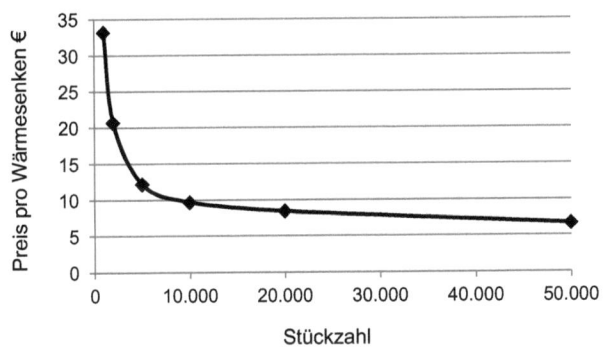

Abbildung 4-22: Abschätzung Preis pro Wärmesenke in Abhängigkeit der Stückzahl

Derzeit kosten Mikrokanalwärmesenken aus Kupfer ab einer Stückzahl von 10.000 Stück ca. 25 bis 30 Euro. Somit wäre eine µ-MIM Wärmesenke neben den technischen Vorteilen auch aus wirtschaftlichen Aspekten sehr attraktiv.

5 Fertigung

5.1 Passive Wärmesenken

5.1.1 Wärmesenken aus Diamant Komposite Materialien

Um den Ansprüchen zur Montage des Laserbarrens hinsichtlich Ebenheit, Oberflächenqualität und Parallelität gerecht zu werden, benötigen Diamant Komposite Materialien eine zusätzliche Deckschicht aus einem gut bearbeitbaren Metall, wie z.B. Kupfer.

Siliziumkarbid Diamant Komposite
Auf beiden großen Flächen des SCD Grundkörpers werden Kupferbleche mit einer Dicke d_{Cu} = 0,6 mm in einem Hartlötverfahren (ca. 600°C Löttemperatur) mit dem SCD Material verbunden (Abbildung 5-1). Die Dicke hat den Vorteil, dass im Anschluss die mechanische Bearbeitung so durchgeführt wird, dass die geforderten Werte für Ebenheit und Parallelität erreicht werden können. Im nächsten Schritt werden über die Ultrapräzisionsbearbeitung die Oberflächenrauheiten von R_a <0,1 µm erreicht. Auch die Montagekante wird so bearbeitet, so dass eine Montage wie bei einer reinen Kupferwärmesenke möglich ist.

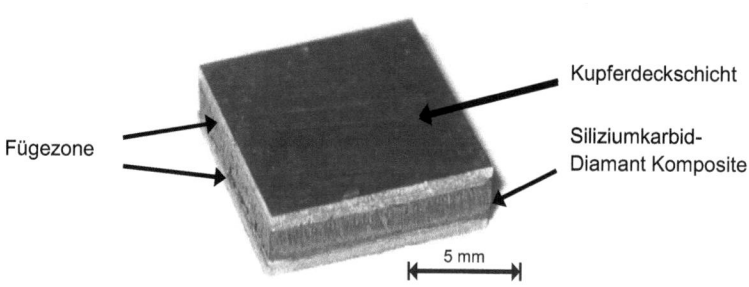

Abbildung 5-1: SCD Wärmesenke mit aufgelöteten Kupferblechen

Im Anschluss folgt eine galvanische Nickel-Gold Beschichtung, die zum Löten mit AuSn-Lot notwendig ist.

Silber-Diamant Komposite

Die Silber-Diamant-Komposite Wärmesenke hat Abmessungen von 20 x 20 x 6 mm^3. Um die notwendigen Oberflächeneigenschaften zu erreichen, wird das Komposite Material mit einer Silberfolie überzogen. Die Folie hat eine Dicke von <0,5 mm. Nach der mechanischen Endbearbeitung werden die Wärmesenken ebenfalls mit einer Nickel-Gold Metallisierung versehen.

Im nächsten Schritt folgt die Überprüfung des thermischen Ausdehnungskoeffizienten α mittels Speckle-Interferometrie. Die Messungen ergeben einen Wert von im Durchschnitt 6,7 ppm/K für den Silber Diamant Verbund in einem Temperaturbereich von 20 °C bis 55 °C (Abbildung 5-2).

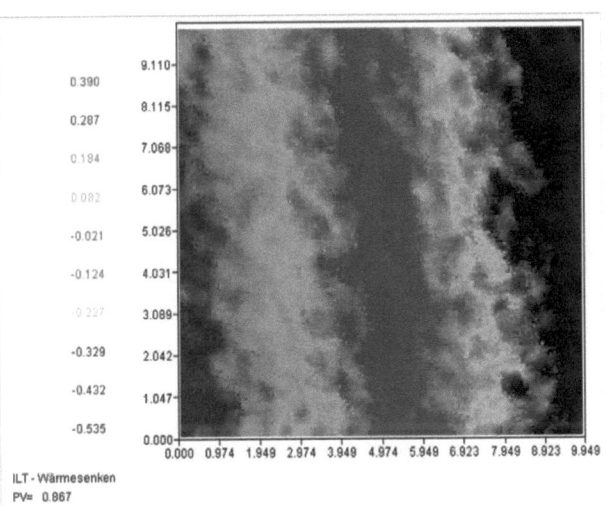

Abbildung 5-2: Falschfarbenbild der Speckle Interferometrie zur Bestimmung des thermischen Ausdehnungskoeffizienten α

Die Streuung der Messung liegt im Bereich von 0,5 ppm/K.

Die Oberflächeneigenschaften der Wärmesenken sind von großer Bedeutung bei dieser Variante. Die verwendete Silberfolie und das Komposite Material sind zusammengefügt, wobei sich die Folie der Kontur des Grundkörpers anpasst. Mittels mechanischen Tasters wird die Oberflächenrauheit R_a nach der mechanischen Endbearbeitung bestimmt. Sie liegt im Durchschnitt unter 0,05 µm (Abbildung 5-3).

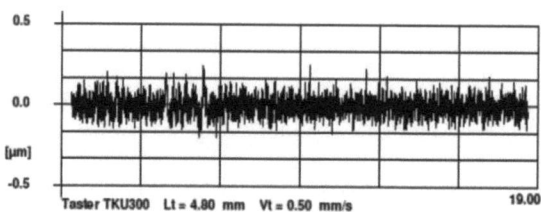

Abbildung 5-3: Messprotokoll der taktilen Oberflächenmessung über die Bauteilbreite

Dementsprechend sind die Oberflächen von sehr guter Qualität. Jedoch zeigen sich im Randbereich Grate von der Endbearbeitung (Abbildung 5-4). Nach ausführlichen Untersuchungen ist festzustellen, dass diese an allen Kanten vorzufinden sind. Die Grate verhindern eine Montage der Laserbarren. Die mechanische Entfernung des Grates erfordert eine komplette Neubeschichtung der Wärmesenke. Außerdem ist zu erwarten, dass die Silberschicht für eine zusätzliche mechanische Bearbeitung zu dünn ist.

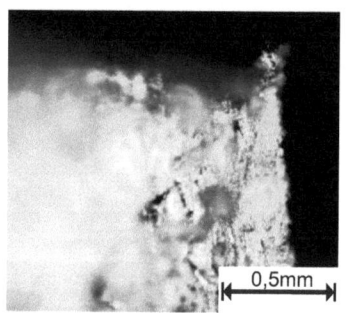

Abbildung 5-4: Seitenansicht auf eine Silber-Diamant Komposite Wärmesenke mit Grat an der Montagekante

Die zur Montage verwendete Anlage kann die Kante zur Ausrichtung nicht ausreichend genau detektieren. Des Weiteren wird die gesamte Geometrie hinsichtlich ihrer Maßhaltigkeit kontrolliert. Dabei wird eine Balligkeit von 0,6 µm gemessen (Abbildung 5-5).

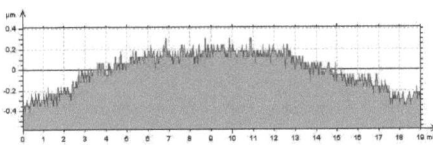

Abbildung 5-5: Dickenverlauf über die Breite der Wärmesenke

Im mittleren Bereich der Wärmesenke, wird im Abstand von +/- 5 mm die Balligkeit in der Größenordnung von 0,2 µm gemessen.

5.1.2 Wärmesenken aus Molybdän-Kupfer

Aus Symmetriegründen haben die beiden MoCu Baugruppen das gleiche Layout und die gleiche Schichtdicke. Zwischen diesen beiden MoCu Baugruppen wird im Silberdiffusionsprozess ein weiterer Kupferblock gefügt. Im nächsten Schritt folgt die mechanische Endbearbeitung. Die benötigte Oberflächenqualität und eine Kantenverrundung kleiner als 0.4 µm sind für Kupfer in Form einer Diamantbearbeitung realisierbar.

Abbildung 5-6: Gefertigte MoCu Wärmesenke vor der Metallisierung

Die Wärmesenke in Abbildung 5-6 hat die für passive Wärmesenken üblichen Abmessungen von 25 x 25 mm² bei einer Dicke von 8 mm. Abschließend werden die Wärmesenken lötfähig metallisiert.

5.1.3 Beidseitige passive Kühlung mit WCu Wärmesenken

Zur Herstellung der Wärmesenken mit beidseitiger passiver Kühlung wird die Sinterlegierung Wolfram-Kupfer (90/10) verwendet. Diese hat einen thermischen Ausdehnungskoeffizienten α von ca. 6,8 ppm/K. Der p-Kontakt hat die Abmessungen 16 x 5 x 2 mm³. Der n-Kontakt unterscheidet sich nur in der Dicke mit d = 1,96 mm. Die Oberflächenqualität liegt bei R_a=0,5 µm und die Bauteile haben eine Ebenheit, die kleiner ist als 1µm/10mm (Abbildung 5-7).

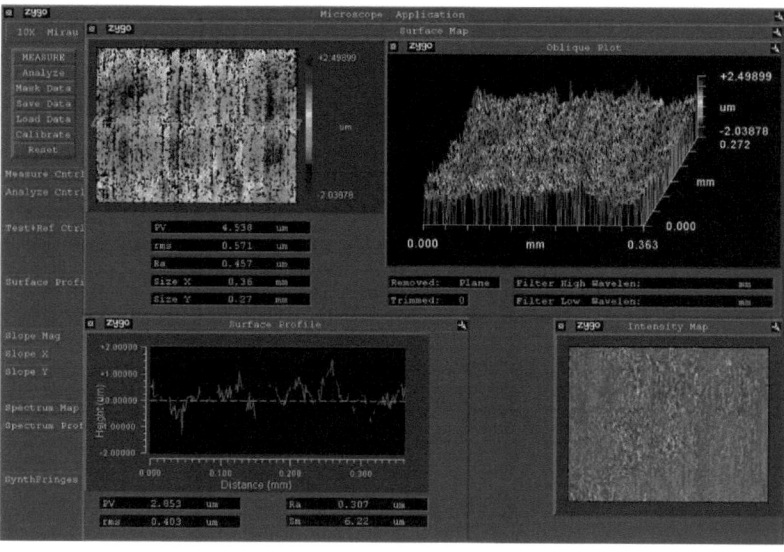

Abbildung 5-7: Interferometrische Oberflächenvermessung Wärmesenke

Die Qualität der Oberfläche (Rauheit und Ebenheit) ist für die durchgeführten Montageprozesse ausreichend. Eine wesentlich höhere Rauheit könnte durch die verwendete Lotschichtdicke (ca. 5 µm) nicht mehr ausgeglichen werden.

Eine geringere Ebenheit der Wärmesenke hätte einen direkten negativen Einfluss auf den Smile des montierten Laserbarrens. Zudem müsste dann ein flexibler Vakuumgreifer bei der Montage der Laserbarren zum Einsatz kommen, um einen ganzflächigen Kontakt zwischen Laserbarren und Wärmesenke zu gewährleisten. Die Wärmesenken werden lötfähig mit Nickel und Gold metallisiert.

5.2 Aktive Wärmesenken

Neben der äußeren Fertigung ist bei den wassergekühlten Wärmesenken ein besonderes Augenmerk auf die innere Kühlstruktur zu legen. Sie beeinflusst die Kühleffizienz und die Lebensdauer.

5.2.1 Wärmesenken aus Molybdän-Kupfer

Die Kühlstruktur innerhalb der MoCu Wärmesenke wird in das Kupfer des Bauteils Top gefräst. Der dazu verwendete Fräser hat einen Durchmesser von 0,3mm. Der Fräser darf zur mechanischen Bearbeitung bis zu einer Restschichtdicke des Kupfers d_{Cu} von 50 µm zum Molybdän eindringen.
Die Außenabmessungen sind 26.5x11.5 mm^2 bei einer Dicke der Wärmesenke von 1,5 mm. Im Anschluss an die mechanischen Bearbeitungen werden die Bauteile lötfähig metallisiert. Die gesamte Wärmesenke umgibt mindestens ein Steg mit einer Breite von 0,3 mm (Abbildung 5-8).

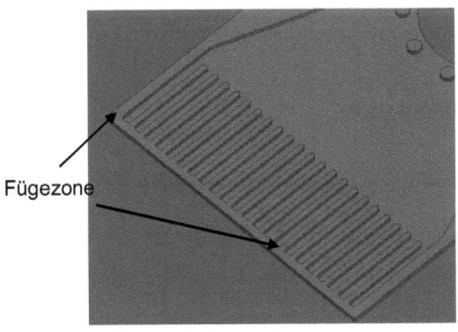

Abbildung 5-8: Fügezone im Frontbereich der Wärmesenke.

Diese ist notwendig, da die drei Bauteilgruppen mittels AuSn-Lot verlötet werden und dazu eine ausreichende Auflagefläche benötigt wird. Da alle Wärmesenkenbauteile metallisiert werden, sind auch die wasserdurchströmten Kühlbereiche zusätzlich beschichtet und bekommen so eine Schutzschicht hinsichtlich einer möglichen Erosion.

Nachdem die Bauteile gefügt sind, erfolgt die mechanische Endbearbeitung. Im nächsten Schritt werden die Wärmesenken hinsichtlich des thermischen Ausdehnungsverhaltens untersucht und die in der FEM-Berechnung erzielten Werte durch die mit dem Speckle Interferometer erhaltenen Werten überprüft (Abbildung 5-9).

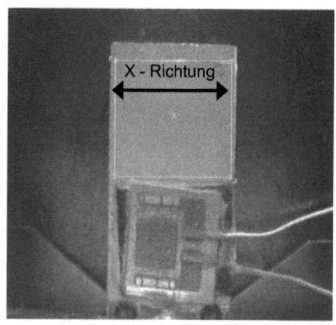

Abbildung 5-9: Aufsicht auf eine Wärmesenke mit montiertem Temperatursensor

Für den Temperaturbereich von 20 °C bis 60 °C wird ein thermischer Ausdehnungskoeffizient α von 7,5 ppm/K in x-Richtung gemessen. Dies entspricht den Ergebnissen der Simulation.

5.2.2 SLM Wärmesenke

Bei der Auswahl der Materialien werden die Metalle Chrom, Kupfer, Titan und Molybdän für eine Wärmsenke in Betracht gezogen. Ihre thermischen Ausdehnungskoeffizienten α und Werte für Wärmeleitfähigkeit κ liegen im akzeptablen Bereich (Tabelle 2-1). Zusätzlich von Bedeutung ist die Bearbeitbarkeit der Materialien.

Insbesondere Chrom eignet sich aufgrund der Stoffdaten als Material für eine Wärmesenke, weist aber eine große Duktilität auf (E-Modul 280 GPa) und neigt zu Mikrorissen im Gefüge [60]. Für die Verarbeitung im SLM-Verfahren werden darauf aufbauend Untersuchungen durchgeführt. Dabei wird analysiert, ob die Legierungselemente Kupfer, Molybdän und Titan weitere Verbesserungen hinsichtlich der geforderten Eigenschaften und einer im Vergleich zu reinem Chrom verbesserten Duktilität erfüllen, wodurch der SLM-Aufbau von dichten Wärmesenken ohne Risse gewährleistet werden kann. Für die Legierungssysteme Cr-Mo und Cr-Cu werden Zusammensetzungen und Prozessparameter ermittelt, bei denen die für Chrom übliche Ausbildung von Mikrorissen vermindert wird. Diese Zusammensetzungen liegen für Cr-Mo bei 20 Gew.-% Molybdän und für Cr-Cu bei 10 Gew.-% Kupfer. Bei beiden Legierungssystemen ergaben sich Werte für den thermischen Ausdehnungskoeffizienten α, die nahe an dem angestrebten Wertebereich liegen (<7 ppm/K). Das System Chrom-Molybdän verspricht, verglichen mit reinem Kupfer, zugleich eine verbesserte Resistenz gegenüber Korrosion. Die Chrom-Kupfer-Legierungen weisen hingegen eine im Vergleich zu Chrom-Molybdän verbesserte mechanische Stabilität auf (Tabelle 5-1).

Werkstoffe	Bauteildichte	Therm. Ausdehnungskoeffizient α [ppm/K]
Cr-Cu	97,81%	9,2
Cr-Mo	96,45%	8,75
CrMo20 (vorlegiert)	99,12%	--

Tabelle 5-1: Ergebnisse der verschiedenen Werkstoffsysteme

Für die Legierungssysteme Cr-Mo und Cr-Cu sind Zusammensetzungen und Prozessparameter ermittelt worden, bei denen die für Chrom übliche

Ausbildung von Mikrorissen vermindert wurde. Die Bauteile sind jedoch nicht wasserdicht.

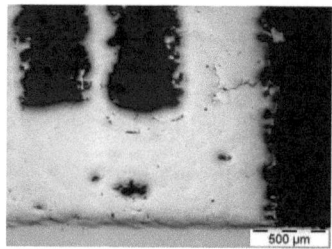 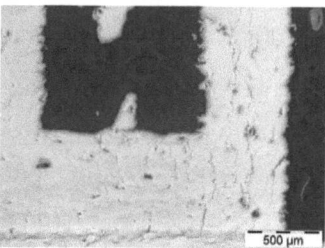

Abbildung 5-10: Querschliff Cr-Mo mit 20 Gew.-% Mo (links) Cr-Cu mit 10 Gew.-% Cu (rechts)

Weitere Versuche ergeben, dass eine Verminderung der Rissbildung mit der Abkühlrate korreliert (Abbildung 5-10). Die Abkühlrate der mittels SLM gefertigten Bauteile von der Vorheiztemperatur (500 °C) auf Raumtemperatur beträgt bei Abschalten der Heizung 5-10 K/min, wodurch Spannungen induziert werden, die Rissbildung begünstigen. Wird die Abkühlrate reduziert auf ca. 1-2 K/min, stellt sich eine Verringerung der Rissbildung ein (Abbildung 5-11).

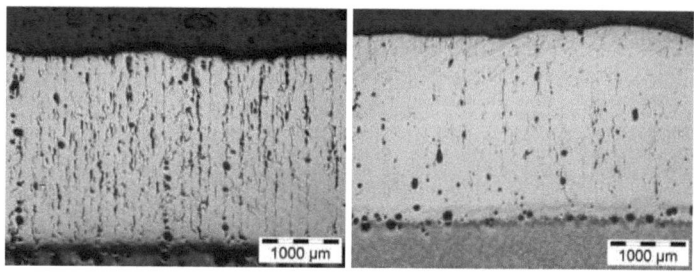

Abbildung 5-11: Querschliff CrMo20 Abkühlrate 5-10°K/min (links), Abkühlrate 1-2°K/min (rechts)

5.2.3 Mikro-Metallpulverspritzguss Wärmesenke

Nach Erprobung verschiedener WCu bzw. MoCu-Verhältnisse zeigte sich mit einer WCu Mischung von 90:10 Gew% die beste Ausdehnungsanpassung an

GaAs. Nach der Untersuchung diverser Pulverkörnungen und –formen hat sich hinsichtlich der geforderten Mikrostruktur im Bauteil die Auswahl der feinsten verfügbaren Pulver mit Partikelgrößen im Bereich <10 µm als sinnvoll erwiesen. Diese lassen ein Ausfüllen der Mikrokanäle im Spritzguss und eine gute Oberfläche im Sinterteil erwarten. REM-Aufnahmen der letztlich genutzten Pulver zeigt Abbildung 5-12.

Abbildung 5-12: REM-Aufnahmen der genutzten W- und Cu-Pulver

Für den µ-MIM Spritzgussprozess wird ein Binder auf Wachs-Polymer-Basis mit großem Anteil von ca. 50 Vol% Polyethylen ausgewählt, der eine gute Fließfähigkeit mit guter Abformtreue kombiniert. Ein geeigneter Binderanteil liegt je nach Material, Pulverform und Partikelgröße erfahrungsgemäß zwischen 45 und 55 Vol%. Nach Aufnahme von Schergeschwindigkeits-Viskositäts-Kenndaten wird ein optimaler Binderanteil von 50 - 52 Vol% bei einer Pulverzusammensetzung von 80:20 Gew% WCu ermittelt. Aufgrund der noch immer zu erwartenden guten Ausdehnungsanpassung dieser Feedstockrezeptur, wird sie für weitere Untersuchungen und Entwicklungen übernommen.

Zunächst wird für diese WCu-Zusammensetzung eine Messung der Verdichtung des Materials während des Sinterprozesses aufgenommen. (Abbildung 5-13).

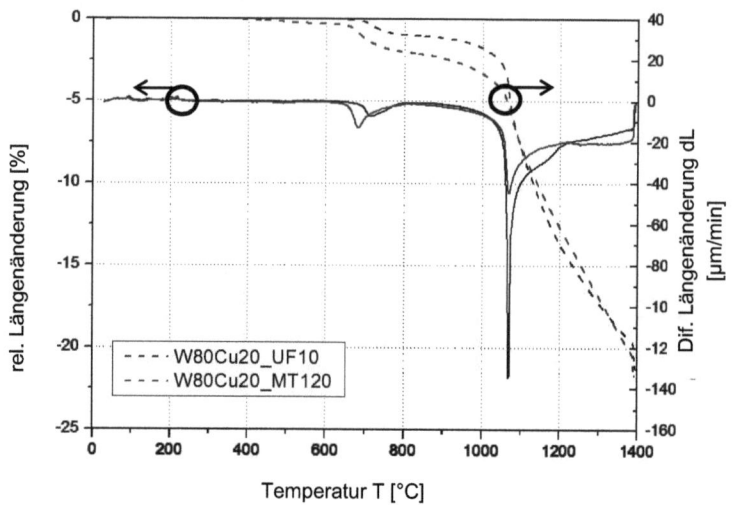

Abbildung 5-13: Sinterdilatometrie von WCu 80:20

Hier zeigt sich, dass die größte Verdichtung im Bereich des Schmelzpunkts von Kupfer (1080°C) liegt. Demnach ist entscheidend, das Sinterprogramm so zu wählen, dass die Proben eine Zeit oberhalb des Schmelzpunkts von Kupfer gesintert werden. Im Folgenden wird nach Abformung und anschließender Sinterung von Rechteckproben bei 1250 °C und 1350 °C eine Dichte von bis zu 98 % der theoretischen Dichte von WCu erzielt. Die Wärmeleitfähigkeit κ der gesinterten Teile wird nach dem Laserflash-Verfahren zu 165 W/mK ermittelt [67, 68].

In dieser Zusammensetzung sind Probekörper in den Abmessungen 20 x 20 x 4 mm^3 hergestellt worden. An Hand dieser Probekörper wird zunächst die Dichtigkeit der verschiedenen Legierungszusammensetzungen bestimmt.

Wolfram W [wt%]	Kupfer Cu [wt%]	therm. Ausdehnungs- koeffizient α [ppm/K] Messung	therm. Ausdehnungs- koeffizient α [ppm/K] Simulation	Dichte [%]
90	10	7,2	6,9	78
85	15	8,1	7,9	84
80	20	8,7	8,5	98

Tabelle 5-2: Ergebnisse der Analyse bezüglich Dichtigkeit und thermischem Ausdehnungsverhalten der Probekörper

Im Anschluss folgte die Bestimmung des thermischen Ausdehnungskoeffizienten α der Probeköper. Der Vergleich zeigt, dass die FEM-Berechnungen und die Speckle Interferometer Messungen Ergebnisse liefern, die in den gleichen Größenordnungen liegen. Die geringen Abweichung von max. 0,3 ppm/K (Tabelle 5-2) liegen im Bereich der Messgenauigkeit.

In Vorversuchen sind erste Erkenntnisse zum Potential des Co-Sinterns von durch µ-MIM hergestellten W-Cu-Komponenten erarbeitet worden. Eine Prinzipskizze der Verfahrensweise zeigt Abbildung 5-14. Die Grünteile werden hergestellt und anschließend auf einander positioniert. Im nächsten Schritt erfolgt die Co-Sinterung.

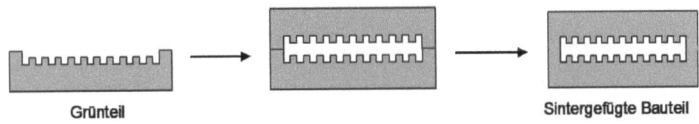

Abbildung 5-14: Verfahrensprinzip des Co-Sinterprozesses

Die Untersuchungen haben gezeigt, dass eine Gewichtsauflage von 20 g auf den gestapelten Komponenten zu einer verbesserten Qualität der Fügeflächen führte. Die Nutzung eines Cu-Blechs als Zwischenschicht ergibt homogenere Fügezonen, verstopft jedoch aufgrund von im Prozess aufschmelzendem Kupfer die Kanalstrukturen. Im Rahmen der Entwicklung ist ein Werkzeugkonzept für den µ-MIM Prozess der Wärmesenken erarbeitet worden. Zur Auslegung der benötigten Formeinsätze werden kleine Plättchen aus WCu 80/20 (10 x 10 x 1.5 mm3) abgeformt und bei 1350 °C gesintert, um den Schrumpffaktor für das Demonstratorwerkzeug zu ermitteln. Dieser beträgt 19,7 %.

Das Wärmesenkenbauteil besteht aus drei Komponenten (Boden, Mitte und Top), welche jeweils einzeln im µ-MIM hergestellt und anschließend zum Bauteil zusammengefügt werden. Dabei werden die für die Funktion als aktive Wärmesenke relevanten Durchführungen und Strukturen direkt im Spritzgussprozess abgeformt.

Abbildung 5-15: Werkzeugaufbau und Blick in die Kavität

Der in Abbildung 5-15 gezeigte Werkzeugaufbau wird mit dem entwickelten Feedstock aus ultrafeinem Wolfram- und Kupferpulver (WCu 80/20) auf einer µ-MIM Anlage abgeformt. Nach dem Einfahren des Prozesses ergibt sich wie in den Vorversuchen an den Probengeometrien eine gute Verarbeitbarkeit des Materials. In einer ersten Charge werden je 50 Komponenten der Varianten Top, Mitte und Boden abgeformt. Beispielhaft zeigt Abbildung 5-16 die entsprechenden Teile. Aus der Detailansicht wird eine gute Ausformung der Strukturen ersichtlich.

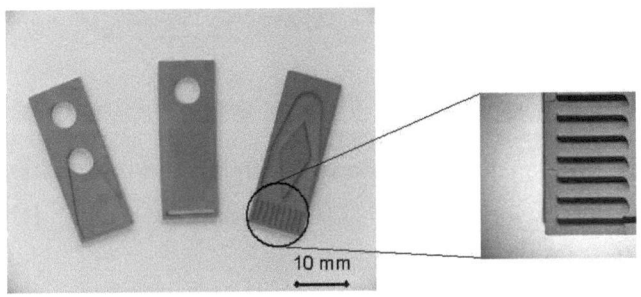

Abbildung 5-16: Erste Ergebnisse nach der Sinterung der drei Bauteile

Die Sinterung der Komponenten erfolgt bei 1300 °C für vier Stunden unter Wasserstoffatmosphäre. Diese sorgt für eine oxidfreie Oberfläche und somit für eine vollständige Sinterung [69]. Die Dichte der Komponenten nach der Sinterung liegt bei etwa 15,4 – 15,5 g/cm³ entsprechend 97 %. Die Gefügeuntersuchung ergibt eine homogene Verteilung von Wolframpartikeln in der Kupfermatrix, wobei stellenweise Wolframagglomerate auftreten (Abbildung 5-17).

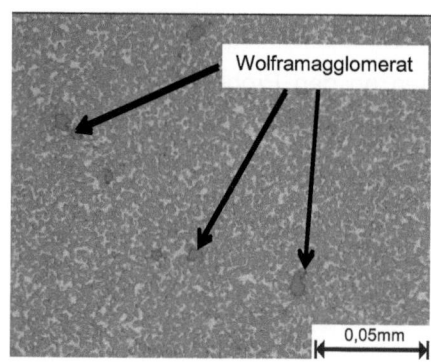

Abbildung 5-17: Gefüge von WCu 80/20 unter den gegebenen Prozessbedingungen

Die Sinterteile werden im Folgenden hinsichtlich ihrer Abmessungen und Oberflächenqualität untersucht. Diese werden mit Hilfe eines Weißlichtprofilometers bestimmt (Tabelle 5-3).

		WCu 80/20			
		Länge l [mm]	Breite b [mm]	Rauheit R_a [µm]	Rauheit R_z [µm]
Boden		30,560 ± 0,185	11,073 ± 0,124	0,980 ± 0,366	6,771 ± 2,542
Mitte		30,522 ± 0,129	11,034 ± 0,083	1,351 ± 0,404	8,519 ± 2,460
Top		30,514 ± 0,041	N/A	1,463 ± 0,093	9,798 ± 0,510

Tabelle 5-3: Abmessungen und Oberflächengüten der Sinterteile

Die Abmessungen der Sinterteile liegen im Sinne des µ-MIM-Prozesses gut reproduzierbar im Bereich von 30,5 mm Länge und 11 mm Breite [70].

Die in Tabelle 5-3 angegebenen Rauheitswerte sind jeweils auf der Düsenseite des Werkzeugs zugewandten Seite der Proben gemessen worden. Insgesamt zeigt sich auch für die Rauheitswerte eine gute Reproduzierbarkeit, wobei hier in der Variante Boden eine insgesamt geringere Rautiefe gegenüber den Komponenten *Mitte* und *Top* gemessen wird.

In einer zweiten Spritzgusscharge, bei der die Spritzbedingungen weiter verbessert wurden, sind diese Effekte, sowie vereinzelt aufgetretene innere Defekte an Grünteilen reduziert. Parallel zu den Fügeversuchen werden ebenfalls Co-Sinterversuche an den Demonstratoren durchgeführt. Dabei werden die Proben gestapelt und mit einem Gewicht von 20 g beaufschlagt.

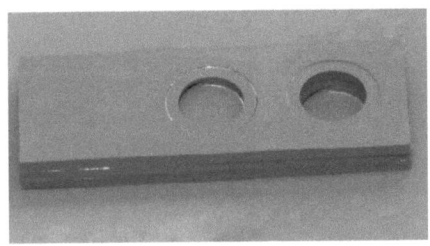

Abbildung 5-18: Demonstrator-Wärmesenke nach dem Co-Sintern

Wie Abbildung 5-18 zeigt, werden makroskopisch gute Verbunde durch dieses Verfahren erzielt. Die präparierten metallographischen Schliffe zeigen ebenfalls größtenteils sehr gute Verbundausbildung (Abbildung 5-19 links), allerdings werden auch Bereiche ersichtlich, in denen kein Zusammensintern der Proben erfolgte (Abbildung 5-19 rechts).

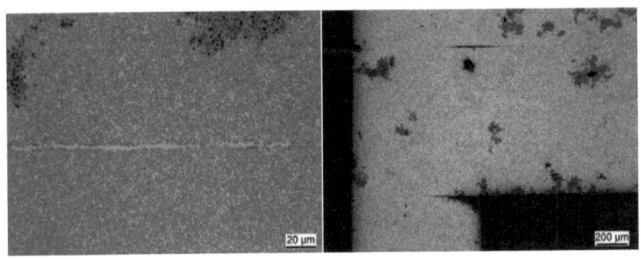

Abbildung 5-19: Fügezonen in den Demonstrator-Wärmesenken nach dem Co-Sintern; links gute Fügezone; rechts stellenweise Delamination

Somit haben die durchgeführten Untersuchungen zur Co-Sinterung von WCu - Wärmesenken die prinzipielle Möglichkeit eines solchen Verfahrens gezeigt. Allerdings kam es beim Co-Sintern der aufeinandergestapelten Proben trotz Gewichtsbeaufschlagung zu einer ungleichmäßigen Kontaktierung der zu verbindenden Bauteilflächen. Dies führt für die Wärmesenke zu einem großen Leckagerisiko. Das Verfahren muss für eine prozesssichere Anwendung durch ein hinsichtlich des Co-Sinterns angepasstes Design noch weiter verbessert werden. Dabei ist beispielsweise zur Unterstützung der Position der Bauteile untereinander eine Klemmung vorzusehen. Des Weiteren können durch konstruktive Änderungen die Fügezonen verlagert und somit dem µ-MIM Prozess angepasst werden.

6 Metallisierung und Lasermontage

6.1 Passive Wärmesenken

6.1.1 Wärmesenken aus Diamant Komposite Materialien

Siliziumkarbid Diamant Komposite
Nach der mechanischen Endbearbeitung der Kupferschichten werden die Wärmesenken in der Nickel-Gold Galvanik beschichtet (Abbildung 6-1). Die Schichtdicken liegen für Nickel bei ca. 2 µm, für Gold bei ca. 200 nm. Aufgrund der Tatsache, dass die Laserbarren auf eine Kupferschicht montiert werden, ist der Montageprozess ähnlich dem auf einer herkömmlichen Kupferwärmesenke.

Abbildung 6-1: Endbearbeitete und metallisierte Siliziumkarbid Diamant Wärmesenke

Die Wärmesenken werden mit AuSn-Lot im Vakuumaufdampfprozess bedampft. Im Anschluss folgt die Montage des Laserbarrens samt n-Kontakt-Blech.

Silber-Diamant Komposite
Auch die abschließend mit einer Silberfolie versehenen Silber-Diamant Komposite Wärmesenken werden mit Nickel und Gold beschichtet und im nächsten Schritt mit AuSn-Lot bedampft (Abbildung 6-2). Im Rahmen der Montagen der Laserbarren zeigen sich auf der Oberseite der Wärmesenke Blasen und kleine Löcher.

Abbildung 6-2: links: Metallisierte Silber-Diamant Wärmesenke, rechts: Blasen auf einer Silber-Diamant Wärmesenke nach der Laserbarrenmontage

Die Blasen entstehen aufgrund einer schlechten Verbindung der Silberfolie mit dem Silber-Diamant Komposite. Die Folie löst sich vom Material ab. Untersuchungen im REM nach einem Kalottenschliff unmittelbar auf einer Blase zeigen keine weiteren Verunreinigungen durch weitere Materialien auf. Des Weiteren werden EDX Untersuchungen im REM durchgeführt, um Fremdmaterialien zu identifizieren, die möglicherweise während des Aufheizprozesses aus der Wärmesenke ausgasen. Die Analyse zeigt keine Fremdstoffe.

Diese Ergebnisse verdeutlichen, dass die Montage eines Laserbarrens auf eine Silber-Diamant Wärmesenke in dem Stadium der Entwicklung noch nicht möglich ist.

6.1.2 Wärmesenken aus Molybdän-Kupfer

Die passiven Wärmesenken aus Molybdän-Kupferwerden werden nach der Nickel-Gold Metallisierung mit AuSn-Lot bedampft. Das Lot wird anschließend aufgeschmolzen. Dabei wird die Aufschmelztemperatur (~280 °C) kontrolliert. Des Weiteren wird die Beschaffenheit des Lotes im REM überprüft und mit bisherigen Aufschmelzversuchen verglichen.

Die Montage der Laserbarren ist ähnlich dem Prozess zur Indium Montage auf Kupferwärmesenken. Die n-seitige Kontaktierung erfolgt über ein Kupferblech, welches mit Indium bedampft wurde. Ein Vorteil dieses Konzeptes ist, dass sowohl die Metallisierung, als auch die Montage sind für diesen Wärmesenkentyp etablierte Standardabläufe sind.

6.1.3 Beidseitige passive Kühlung mit WCu Wärmesenken

Ähnlich wie die Wärmesenken aus Kupfer-Molybdän erfolgt die Metallisierung der WCu Bauteile für die beidseitige Kühlung nach dem gleichen Prozess, ebenso wie die Bedampfung mit AuSn-Lot der Wärmesenken (p- und n-Kontakt). Die Aufschmelzversuche zeigen das erwartete Verhalten. Die Herausforderung dieses Wärmesenkentypes liegt in der Tatsache, dass p- und n-Kontakt nacheinander verlötet werden, dabei aber jeweils unter der Verwendung von AuSn-Lot. Dazu wird zunächst der Laserbarren auf den p-Kontakt gefügt. Im Anschluss wird der n-Kontakt auf den Laserbarren samt p-Kontakt gelötet. Der Vakuumgreifer der Montageanlage muss in der Lage sein, die n-seitige Wärmesenke zu halten und zu justieren. Im Vergleich zu einem sonst montierten Laserbarren hat die Wärmesenke deutlich größere Abmessungen von 5 x 16 x 1,96 mm^3. Aus diesem Grunde ist ein spezieller Greifer gefertigt worden, der in der Lage ist, den Aufbau zu platzieren und zu löten.

Das Aufheizen der zweiten Lotschicht erfolgt über die p-Seite durch den Laserbarren hindurch. Dies erfordert eine genaue Temperaturführung sowohl beim Aufheizen wie auch beim Abkühlen. Bei ersten Montageversuchen wurden in Proben Risse in der Facette festgestellt (Abbildung 6-3). Durch ein kontrolliertes Abkühlen von 280 °C auf 120 °C und eine dickere Lotschichtdicke (>30 µm) wurde dieses Problem behoben.

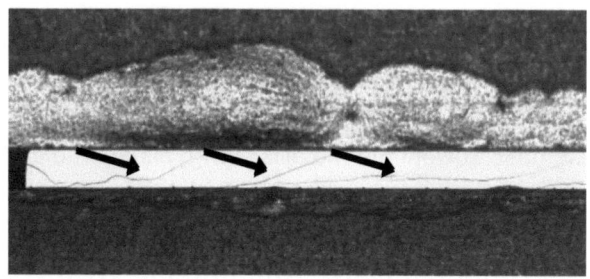

Abbildung 6-3: Mikrorisse in einem Laserbarren

Da die Wärmesenken eine Kantenverrundung im Bereich der Laserbarren von mehr als 10 µm haben, ist nach der Montage der n-Seite eine deutliche Benetzung der Verrundung auf der p-Seite durch AuSn-Lot zu erkennen. Dies ist auf die Tatsache zurückzuführen, dass beim zweiten Fügeschritt das AuSn-Lot an dieser Stelle noch einmal aufschmilzt (Abbildung 6-4).

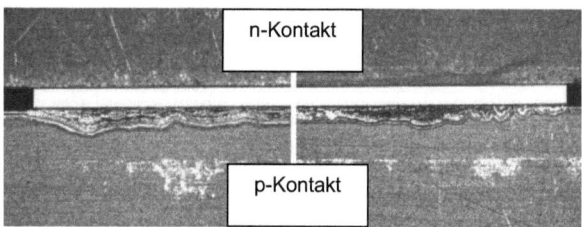

Abbildung 6-4: Frontansicht auf einen montierten Laserbarren

Das Fließverhalten des flüssigen AuSn-Lotes und die Goldmetallisierung des Laserbarrens begünstigen auch eine Benetzung bis zu seiner Facette.

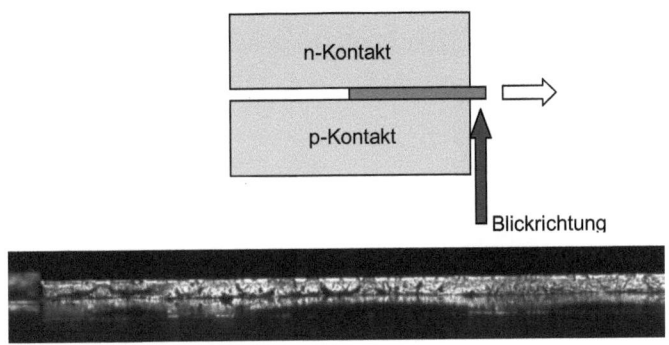

Abbildung 6-5: Benetzung des Überhanges des Laserbarrens durch AuSn-Lot (Blick von unten auf den Laserbarren)

Bei einem Blick von unten auf die p-Seite eines Laserbarrens ist erkennbar (Abbildung 6-5), dass das AuSn-Lot den überstehenden Laserbarren komplett benetzt. Gleiches ist auch ersichtlich für die n-Seite. Dies sorgt für eine bessere thermische Anbindung in Frontbereich des Laserbarrens, der sonst ohne Kontakt wäre.

6.2 Aktive Wärmesenken

6.2.1 Wärmesenken aus Molybdän-Kupfer

Ähnlich wie bei der passiven Variante, ist die Metallisierung der wassergekühlten MoCu Wärmesenke ein etablierter Prozess. Bei diesem Konzept werden die drei Bauteile der Wärmesenke zunächst einzeln metallisiert und anschließend gefügt. Dazu werden AuSn Preforms den Außenkonturen der Bauteile angepasst und diese im Reflowprozess miteinander verbunden. Mittels eines Ultraschallmikroskops werden die Lötmengen überprüft.

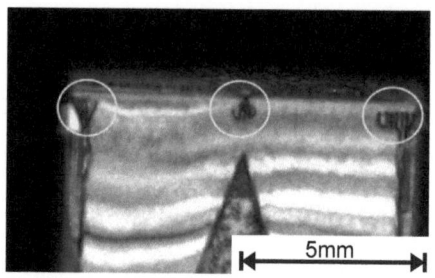

Abbildung 6-6: Aufnahme mit einem Ultraschallmikroskop zur Überprüfung der Lötverbding. In den eingekreisten Bereichen ist das Lot in den Kühlwasserbereich geflossen.

Dabei wird deutlich, dass insbesondere im Frontbereich der Wärmesenke das Lot in den Kühlwasserbereich fließt und somit das Verhalten der Wärmesenke beeinflusst (Abbildung 6-6). Die umlaufende Fügefläche hat in diesem Bereich eine Breite von 0,3 bis 0,5 mm. In den Eckbereichen bzw. am Steg in der Mitte der Wärmesenke, neigt das Lot dazu die vorgesehene Position zu verlassen.

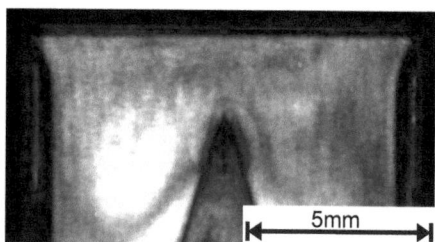

Abbildung 6-7: Ultraschallaufnahme vom Inneren der Wärmesenke

Nach Anpassung der Prozessparameter und einer Reduzierung der Lotschichtdicke auf weniger als 20 µm, weisen die Wärmesenken keine Lotstellen innerhalb der Kühlstruktur mehr auf (Abbildung 6-7). Nach dem Fügen der Bauteile erfolgt die mechanische Endbearbeitung der Ober- und Unterseite der Wärmesenke, gefolgt von einer weiteren Nickel und Gold Metallisierung. Des Weiteren werden die Wärmesenken mit AuSn-Lot im

Bereich der Laserbarrenmontage bedampft. Die Aufschmelzversuche zeigen, dass das Mischungsverhältnis des Lotes dem Gewünschten entspricht.

6.2.2 SLM-Wärmesenke

Im SLM-Verfahren werden zwei Materialkombinationen zur Herstellung von wassergekühlten Wärmesenken weiter untersucht. Sowohl eine Chrom-Molybdän wie auch eine Chrom-Kupfer Zusammensetzung werden als Wärmesenken hergestellt. Dabei wird die gleiche Struktur der Wärmesenken umgesetzt.

Im ersten Schritt werden mechanisch unbearbeitete Proben mit poröser Oberfläche mit Indium bedampft. Während der Beschichtung wird beobachtet, dass aus der Wärmesenke Gase austreten. Eine geschlossene Schicht konnte nicht erreicht werden. Eine Vielzahl an Poren, ist erkennbar. Bei genauerer Betrachtung unter dem Mikroskop zeigt sich, dass die Oberfläche nicht geschlossen ist.

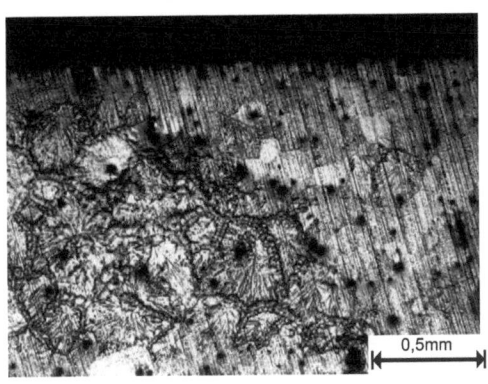

Abbildung 6-8: Mit Indium bedampfte poröse Probe nach einem Aufschmelzversuch

Beim Erhitzen der Proben im Lötofen tritt eine Entnetzung des Lotes an der Oberfläche auf (Abbildung 6-8). Im nächsten Schritt werden die Probekörper mit einer Nickel-Gold Metallisierung versehen, um so eine bessere Benetzung des Lotes zu ermöglichen und anschließend mit Indium zu bedampfen. Das Verhalten beim Erwärmen des aufgedampften Lotes auf Löttemperatur ist vergleichbar mit den porösen Proben. Eine Entnetzung findet statt, wodurch die Montage eines Laserbarrens nicht möglich ist (Abbildung 6-9). Der gleiche Versuch wird mit einer AuSn-Bedampfung wiederholt. Auch hier war das Bedampfungsergebnis zunächst zufriedenstellend, eine Erwärmung der Schicht führte aber wiederum zur Entnetzung.

Abbildung 6-9: Entnetzung des AuSn-Lotes nach einem Aufschmelzversuch.

Um mögliche Einflüsse des Wärmesenkenmaterials auf die Lotschicht auszuschließen, wird eine Platin-Paladium-Schicht auf die Lötzone aufgedampft. Bei einer weiteren Charge wird diese Schicht gesputtert. Anschließend werden beide Chargen mit Indium bedampft. Beim Erwärmen der Wärmesenken bildet sich ähnlich wie bei den vorangegangenen Analysen keine gleichmäßige Lotschicht. Die Entnetzung findet erneut statt.

Bei allen Aufschmelzversuchen werden Ausgasungen beobachtet. Um diese zu minimieren, werden die Wärmesenken vor der Bedampfung für 4 Stunden bei 200 °C ausgeheizt. Im Anschluss werden keine Ausgasungen mehr erkannt, dennoch entnetzt sowohl das Indium als auch das AuSn-Lot weiterhin.

Als Konsequenz der gescheiterten Metallisierungsversuche, wird nach einer Möglichkeit gesucht, die im SLM-Verfahren hergestellten Wärmesenken zu verkupfern. Die Motivation dafür ist begründet in der Tatsache, dass die Metallisierung von Kupfer etabliert und stabil ist und somit eine AuSn-Montage der Laserbarren realisierbar ist.

Nach einer Reihe von Vorversuchen zeigt sich, dass durch einen Galvanikprozess Kupfer auf die Wärmesenken bestehend aus Chrom-Molybdän und Chrom-Kupfer aufgebracht werden kann. Nach anfänglichen Haftungsschwierigkeiten kann diese durch die Anpassung im galvanischen Prozess behoben werden. Im Anschluss folgt die mechanische Endbearbeitung. Hierbei werden zunächst die durch den galvanischen Prozess entstanden Erhöhungen überarbeitet. Des Weiteren ist die Wanddicke des Kupfers auf eine Dicke von weniger als 100 µm anzupassen. Dies ist notwendig, weil eine dickere Kupferschicht einen negativen Einfluss auf das thermische Ausdehnungsverhalten der Wärmesenke hat. Der thermische Ausdehnungskoeffizient α von Kupfer liegt bei ca. 17 ppm/K, angestrebt wird ein Wert von weniger als 8 ppm/K. Abschließend wird zur Laserbarrenmontage eine Oberflächenqualität kleiner als $R_a < 0,1$ µm benötigt. Dazu erfolgt die abschließende Ultrapräzisionsbearbeitung. Nach diversen Reinigungsschritten folgt die galvanische Beschichtung der Wärmesenke mit Nickel und Gold.

Die so gefertigten Wärmesenken werden zunächst mittels Speckle-Interferometrie hinsichtlich ihres thermischen Ausdehnungsverhaltens untersucht. Die Werte liegen zwischen 5 - 10 ppm/K. Der Grund für die große Schwankung ist die Schwierigkeit, die genaue Dicke des galvanischen Kupfers zu bestimmen. Ein Unterschied von 20 µm in der Kupfer Schichtdicke beeinflusst den Ausdehnungskoeffizienten α um ca. 0,5 ppm/K. Erste Aufschmelzversuche zeigen, dass die Kupferschicht keine oder nur eine sehr schwache Bindung mit dem Grundkörper eingeht. Das Kupfer löst sich nach dem Aufheizprozess auf ca. 300°C ab und es entstehen Blasen zwischen dem Grundkörper und der Kupferschicht. Um eine feste und temperaturstabile Bindung zu realisieren, werden Iterationen in der Beschichtung der Wärmesenken durchgeführt. Dabei werden die Prozessparameter der Galvanik weiter optimiert und zusätzlich die Grundköper der Wärmesenke mit einer Metallisierung beschichtet, so dass eine temperaturstabile Verbindung entsteht. Die hergestellten Wärmesenken werden mit der Speckle-Interferometrie hinsichtlich des Ausdehnungsverhaltens überprüft. Die gemessenen Werte liegen bei 8 ppm/K mit einer Streuung von +/- 1 ppm/K. Nach der Endbearbeitung folgt die Beschichtung mit Nickel und Gold, sowie der Bedampfung mit AuSn-Lot, um die Benetzung zu testen. Das Aufschmelzverhalten der Proben zeigt das bekannte Erscheinungsbild für ein eutektisches AuSn-Lot auf Kupfer, die Benetzung ist großflächig und homogen.

6.2.3 Mikro-Metallpulverspritzguss Wärmesenke

Die gesinterten Einzelteile der μ-MIM Wärmesenke weisen starken Verzug und eine Oberflächenwelligkeit mit Höhendifferenzen von bis zu 90 μm auf (Abbildung 6-10).

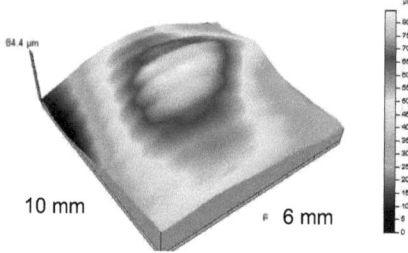

Abbildung 6-10: 3-D Darstellung der vermessenen Oberfläche der μ-MIM Wärmesenke

Im 3D-Flächenscan des Weißlichtinterferometers ist auch die Kühlstruktur, welche sich durch die Oberfläche ausprägt, erkennbar. Zunächst werden an diesen Dauertests durchgeführt, bezogen auf die Dichtigkeit der Bauteile.

Dazu werden die Bauteile mittels eines Klebers gefügt. Die Dicke der Klebeschicht (bis zu 1 mm) kompensiert die Welligkeiten der einzelnen Bauteile, sodass diese wasserdicht verbunden werden. Diese Wärmesenken werden anschließend im speziell aufgebauten Dauerprüfstand bei einem konstanten Druck P von 0,8 bar betrieben. Die Untersuchungen ergeben, dass die Bauteile nach mehr als 800 h keine Undichtigkeiten aufweisen bei einem konstantem Durchfluss von Q = 0,66 l/min und Druckverlust dP 0,8 bar über die Wärmesenke. Bei einer Veränderung der Kühlstruktur auf Grund von Erosion würde der Durchfluss bei konstantem Druck steigen. Dies ist nicht zur erkennen (Abbildung 6-11).

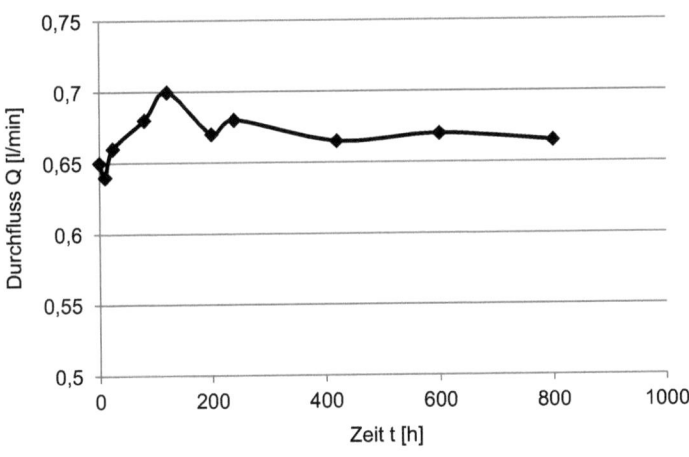

Abbildung 6-11: Durchfluss-Dauertest einer µ-MIM Wärmesenke

Um auf diesen Probekörpern Laserbarren zu montieren, sind die einzelnen Komponenten mechanisch nachbearbeitet und anschließend im Silber-Diffusionslötprozess zusammengefügt worden. Dazu werden die Bauteile in einem extra angefertigten Halter positioniert, wodurch eine präzisere und reproduzierbare Bearbeitung möglich ist. Allerdings ist während des Prozesses erkennbar, dass aufgrund der welligen Struktur die Auflagefläche für eine sichere Bearbeitung noch nicht ausreichend ist. Dennoch werden die Bauteile metallisiert und Aufschmelzversuche an ihnen durchgeführt. Dazu werden die Probekörper mit AuSn-Lot bedampft und auf ca. 350 °C erhitzt. Das Aufschmelzen des Lotes erfolgt bei ca. 290 °C, was in erster Näherung der Aufschmelztemperatur des eutektischen AuSn-Lotes entspricht. Stöchiometrische Analysen mittels REM und EDX haben die Zusammensetzung bestätigt. Die Deckelmontage erfolgt mit InSn-Lot. Cogesinterte Wärmesenken werden trotz der zu erwartenden Leckage gefertigt. Auch sie werden im Durchflussprüfstand montiert und mit hohen Durchflussraten, bei einem Durchfluss von Q = 2 l/min und einem Druckverlust dP von ca. 3 bar getestet (Abbildung 6-12). Diese Parameter werden ausgewählt, um möglichst kurzfristig eine Ergebnis hinsichtlich Leckagen zu erhalten. Eine Vielzahl von Wärmesenken zeigt schon nach wenigen Stunden (< 2 Tage) Wasseraustritte in den Fügezonen. Einzelne Wärmesenken können bis zu 100 Tage betrieben werden, ehe sie versagen.

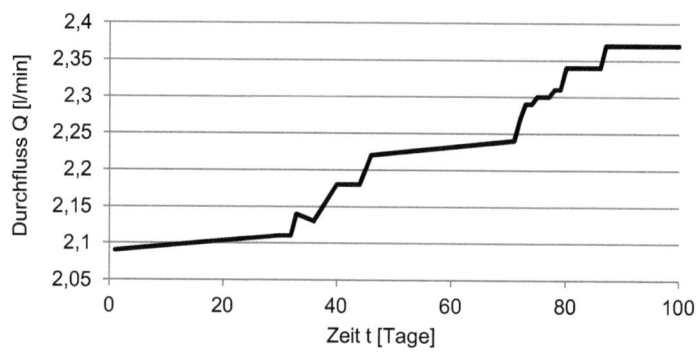

Abbildung 6-12: Ansteigender Durchfluss des Kühlwassers über die Zeit t [Tage]

Bei ihnen tritt das Wasser in den Fügezonen zwischen zwei Bauteilen aus. Über den gesamten Strömungsbereich in der Wärmesenke wird deutlich, dass das Kupfer in den Fügezone ausgewaschen wird (Abbildung 5-19). Insbesondere die Verbindung zwischen der Kühlstruktur des Bauteils Top und dem Bauteil Mitte wird unterspült und begünstigt den Anstieg des

Durchflusses Q. Aufgrund dieses Ergebnisses werden auf Co-gesinterten Wärmesenken keine Laserbarren montiert.

7 Analyse und Anwendung

7.1 Passive Wärmesenken

7.1.1 Wärmesenken aus Diamant Komposite Materialien

Siliziumkarbid Diamant Komposite

Das zur Verfügung stehende Probenmaterial erlaubt nur die Fertigung kleiner Wärmesenken in den Abmessungen 11 x 11 x 4 mm^3. Aus diesem Grunde werden Laserbarren mit einer Breite von lediglich 6 mm (sonst 10 mm) auf die Wärmesenke montiert.

Eine elektro-optische Charakterisierung im cw-Betrieb ist dennoch nicht möglich. Immer wieder kommt es zu einem thermischen Überrollen der Laserbarren, das heißt, die thermische Verlustleistung P_{therm} kann nicht ausreichend abgeführt werden. Dies hat zur Folge, dass der Laserbarren sich immer weiter erwärmt und gleichzeitig immer weniger optische Leistung P_{opt} abgibt (siehe 2.2). Da die thermischen Simulationen im Vorfeld diese Schwierigkeiten nicht erwarten ließen (Abbildung 4-5), werden die Wärmesenken hinsichtlich Fehlstellen bzw. Lunker in der Lotschicht zwischen Kupfer und dem SCD Material untersucht und zusätzlich im Ultraschallmikroskop vermessen. Die Bilder (Abbildung 7-1) zeigen großflächige Fehlstellen und Lunker in der Fügezone.

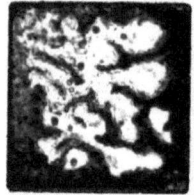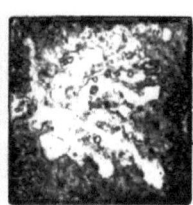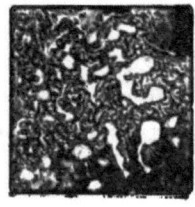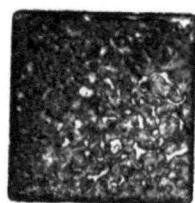

Abbildung 7-1: Ultraschall-Mikroskopaufnahmen der Fügezone zwischen Kupfer und SCD

Die Prozessparameter beim Löten der Kupferschicht auf den SCD Grundkörper werden fortwährend verändert und mittels Ultraschallmikroskop überprüft, ob dies zu einer Verbesserung führen konnte. Trotz der deutlich besseren Verbindung werden immer noch Fehlstellen detektiert. Die hellen Bereiche in Abbildung 7-1 stellen Fehlstellen bzw. Lunker dar. Von links nach rechts ist eine Optimierung des Fügeprozesses erkennbar.

Parallel werden thermische Simulationen mit Fehlstellen durchgeführt, die den real Existierenden hinsichtlich Anzahl und Größe entsprechen. Die Berechnungen zeigen, dass aufgrund der Fehlstellen die maximale Temperatur im Laser um etwa 20 K steigt gegenüber den vorrangegangenen Berechnungen mit homogener Fügezone. Diese Erhöhung begründet das thermische Überrollen der montierten Laserbarren im cw-Betrieb. Die elektro-optische Charakterisierung kann nur im Pulsbetrieb durchgeführt werden. Hierdurch wird die thermische Verlustleistung P_{therm} reduziert. Dabei wird ein Duty Cycle von 3 % und eine Pulsdauer von 100 µs gewählt (siehe Anhang B). Weitere Analysen zeigen, dass der Laserbarren über die Wärmesenke elektrisch kontaktiert werden kann. Ein thermischer Widerstand R_{th} ist nicht messbar, da nicht ausreichenden Messwerte verfügbar sind.

7.1.2 Passive Wärmesenke aus Molybdän-Kupfer

Auf die metallisierten Wärmesenken aus MoCu werden Laserbarren sowohl mit Indium- als auch mit AuSn-Lot montiert und n-seitig kontaktiert. Im nächsten Schritt folgt ihre elektro-optische Charakterisierung. Die Messungen ergeben, dass die Wärmesenke einen thermischen Widerstand R_{th} von 1,0 K/W erreicht (Abbildung B-1).

Zur Überprüfung der Anpassung des thermischen Ausdehnungskoeffizienten α von Laserbarren und Wärmesenke wird eine Verspannungsmessung durchgeführt. Die Auswertung mittels Mikro-Photolumineszenz (µ-PL) (Abbildung 7-2) zeigt, dass die induzierten Spannungen im Laserbarren gering sind [71, 72].

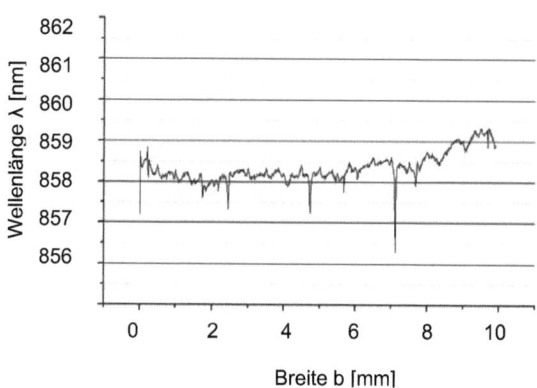

Abbildung 7-2: Ergebnis der µ-PL Messung für einen Laserbarren auf der MoCu Wärmesenke.

Die Wellenlängenänderung liegt bei ca. 1,5 nm über die Breite b von 10 mm für den gesamten Laserbarren. Erst ab einer Änderung über 3 nm wird von induzierten Spannungen gesprochen [72]. Ein mit Indium-Lot aufgebauter Laserbarren zeigt bei der gleichen Messung nahezu keine Veränderung der Wellenlänge. Der thermische Ausdehnungskoeffizient α für diese Wärmesenke liegt bei ca. 8,5 ppm/K

7.1.3 Beidseitige passive Kühlung mit WCu Wärmesenken

Für den Aufbau der beidseitigen Kühlung werden die Adapter der Anlage zur elektro-optischen Charakterisierung angepasst. Die getesteten Laserbarren haben eine Breite b = 10 mm und eine Resonatorlänge R_L = 2 mm. Die elektro-optische Charakterisierung bestätigt den mittels FEM-Berechnung (siehe 4.1.3) bestimmten thermischen Widerstand R_{th} 0,5 K/W für dieses Kühlkonzept. Damit wird auch gleichzeitig gezeigt, dass über eine weitere Wärmesenke zusätzlich etwa 30 % der thermischen Verlustleistung P_{therm} abtransportiert werden kann (Abbildung B-2).

Der gemessene Wert des thermischen Widerstandes R_{th} liegt im Durchschnitt aller getesteten Wärmesenken bei 0,5 - 0,6 K/W (siehe Anhang). Die Laserbarren zeigen in einem Dauertest über 100 h Leistungsverluste, die im

Bereich von bis zu 8 % liegen (Tabelle 7-1). Im Durchschnitt verlieren sie 0,9 W an Leistung.

Wärmesenken Nr.	$P_{opt\ t=0h}$ [W]	Wellenlänge [nm]	$P_{opt\ t=100h}$ [W]	Wellenlänge [nm]	$P_{opt\ t=100h}/P_{opt\ t=0h}$
V4p 7	60,2	818,2	58,3	819,9	97%
V4p 8	56,6	815,6	55,9	819,7	99%
V4p 9	59,4	817,3	54,4	818,2	92%
V4p 10	59	818	59	817,8	100%
V4p 11	53,5	817,5	53	818,4	99%
V4p 12	58,5	817,8	57,6	819,1	98%
V4p 14	58,8	817,7	59,4	818,9	101%
V4p 16	57,1	818,1	57	819,7	100%
V4p 18	54,6	818,8	53,5	820,4	98%
V4p 19	57,4	818,5	57,9	819,8	101%

Tabelle 7-1: Vergleich der Leistungsdaten vor (li.) und nach (re.) dem Dauertest bei einer Stromstärke I von 66 A

Durch die beidseitige Kühlung wird die nominell schlechtere Wärmeleitfähigkeit κ der WCu Legierung kompensiert und ermöglicht so einen ausdehnungsangepassten Aufbau.

7.2 Aktive Wärmesenken

7.2.1 Wärmesenken aus Molybdän-Kupfer

Auf die Wärmesenken aus MoCu werden Laserbarren mit einer Resonatorlänge R_L von 1,2 mm und einer Füllfaktor von 50% montiert. Dabei werden die Laserbarren sowohl mit Indium- wie auch AuSn-Lot auf die Wärmesenke gefügt. Die n-seitige Kontaktierung erfolgt durch ein Kupferdeckelblech mit InSn-Lot. Die elektro-optische Charakterisierung der Laserbarren zeigt kaum Abweichungen des ermittelten thermischen Widerstandes R_{th} (0,5 bis 0,55 K/W) gegenüber dem in FEM-Berechnungen ermittelten Wert von 0,5 K/W (Abbildung B-3). Im Rahmen der eingehenden Charakterisierung werden auch die induzierten mechanischen Verspannungen der Laserbarren mittels DOP Messung untersucht (siehe 3.3). Die Analyse zeigt einen gleichmäßigen Kurvenverlauf über alle Emitter ohne Druck- und Zugverspannung (Abbildung 7-3).

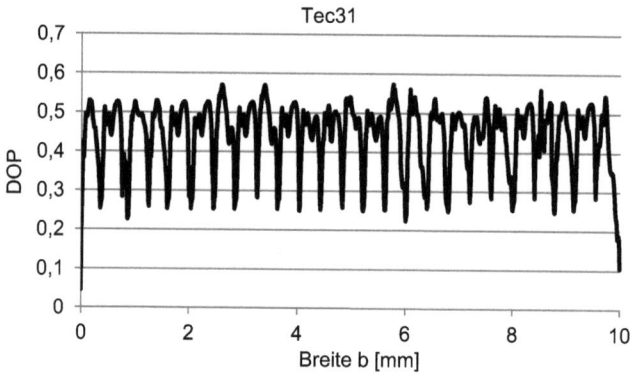

Abbildung 7-3: Ergebnis der DOP Messung für Wärmesenke Nr. TEC 31 [8]

Im nächsten Schritt wird die Lebensdauer der Wärmesenken im Burn-In untersucht. Dazu werden die Diodenlaser im cw Modus bei konstant anliegender Stromstärke von 60 A und einer Wassertemperatur von 22 °C betrieben. Da der Burn-In nur die relative optische Leistung messen kann, werden alle Diodenlaser vor dem Start elektro-optisch charakterisiert, sowie iterativ nach fest definierten Zeitabschnitten während des Dauertests.

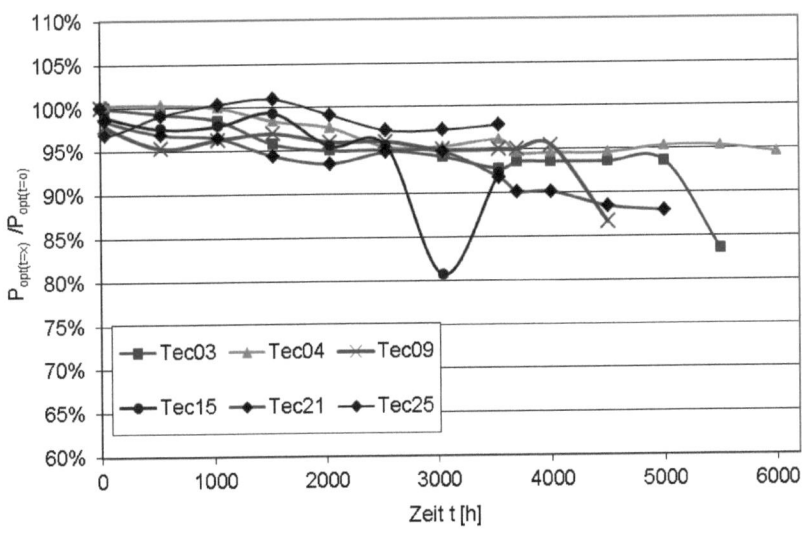

Abbildung 7-4: Lebensdauertests der MoCu Wärmesenken. Tec 03,04,09 sind mit In-Lot aufgebaut, Tec 15,21,25 mit AuSn-Lot

Die Lebensdauertests werden beendet, wenn die optischen Leistung P_{opt} um 80 % gegenüber dem Startwert abgefallen ist ($P_{opt(t=x)}/P_{opt(t=o)}$ <0,8).

Diodenlaser, die den Dauertest nicht erfolgreich absolvierten, sind aufgrund eines Kurzschlusses zwischen der n- und der p-Seite zerstört worden. Teile des Deckellotes haben sich im Laufe des Testes von der eigentlichen Position in Richtung Frontfacette verlagert. Dort werden sie aufgrund der hohen Temperaturen im Betrieb weich und verbinden schließlich die n-Seite mit der p-Seite (Abbildung 7-5).

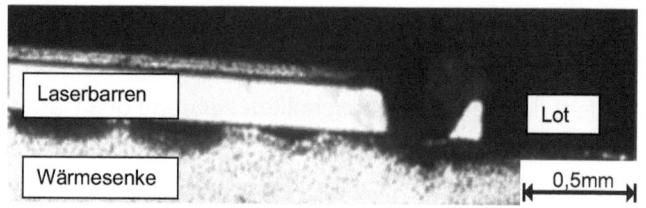

Abbildung 7-5: Kurzschluss des Laserbarrens durch das n-Kontaktlot über die Facette

Unterstützt wird dies durch den größeren thermischen Ausdehnungskoeffizienten α des Deckelbleches gegenüber dem Laserbarren. Die unterschiedliche Ausdehnung von Laserbarren und Deckelblech verursacht eine Druckspannung auf das Lot [34].

Eine weitere Ursache sind Fehlstellen in der Lötverbindung zwischen Laserbarren und Wärmesenke. Diese Stellen bewirken, dass die thermische Verlustleistung P_{therm} einzelner Emitter nicht oder nur schwach ausreichend abgeführt werden kann. Dadurch bilden sich Temperaturspitzen, die zum einen den Laserbarren schädigen. Zum anderen wird das Deckelblech zusätzlich erwärmt und der Unterschied der thermischen Ausdehnung zum Laserbarren kann zu kleinen Rissen führen, einzelne Emitter fallen aus. Bei der Wärmesenke Tec05 konnte nach 1540 h ein Ausfall von 2 Emittern beobachtet werden (Abbildung 7-6).

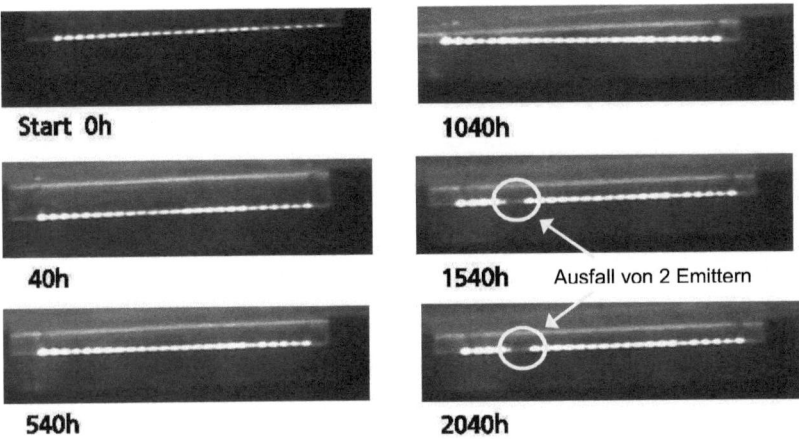

Abbildung 7-6: Aufnahme der Emitter eines Laserbarrens montiert auf der Wärmesenke Tec05 über den Zeitraum von 2040h. Ab 1040h sind mindestens 2 Emitter ausgefallen.

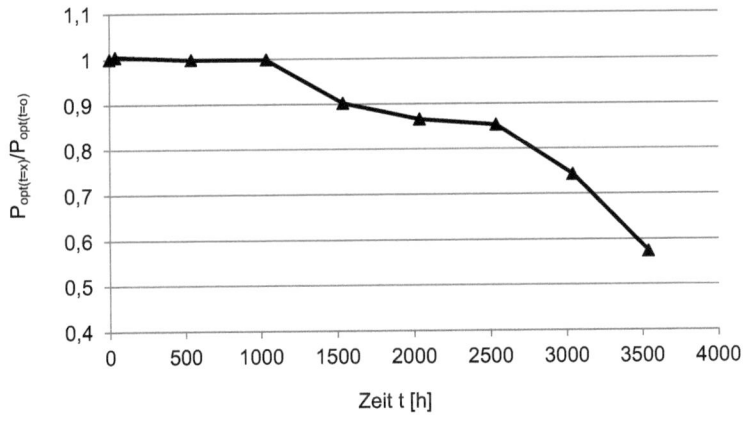

Abbildung 7-7: Lebensdauertest von der MoCu Wärmesenke Tec05

Anhand der Messdaten (Abbildung 7-7) ist erkennbar, dass die beiden Emitter zwischen 1000 h bis 1500 h ausgefallen sind. Bei 25 Emittern auf dem Laserbarren fehlen damit theoretisch 8 % der optischen Leistung P_{opt}. Der gesamte Laserbarren verliert etwa 12 % der Ausgangsleistung, was daraufhin deutet, dass weitere Emitter nicht mehr die ursprüngliche optische Leistung P_{opt} liefern.

7.2.2 SLM-Wärmesenke

Die SLM-Wärmesenken werden mit Indium- und AuSn-Lot bedampft und im Anschluss folgt die Montage der Laserbarren. Indium-Lot wird zunächst verwendet, da aufgrund des niedrigeren Schmelzpunktes von Indium die Wärmesenken eine geringere thermische Belastung erfahren. Bei den Vorversuchen zeigte sich, dass ein mögliches Ausgasen temperaturabhängig ist. Aufgebaute und elektro-optisch charakterisierte Laserbarren zeigen eine schlechte thermische Anbindung, sowohl bei der Verwendung von AuSn- als auch Indium-Lot (Abbildung B-4). Die Ursachen liegen im Lotinterface zwischen Laserbarren und Wärmesenke. Hier sind aufgrund schlechter Benetzung kleine Fehlstellen, die verhindern, dass die thermische Verlustleistung P_{therm} über die ganze Fläche homogen abgeführt wird.

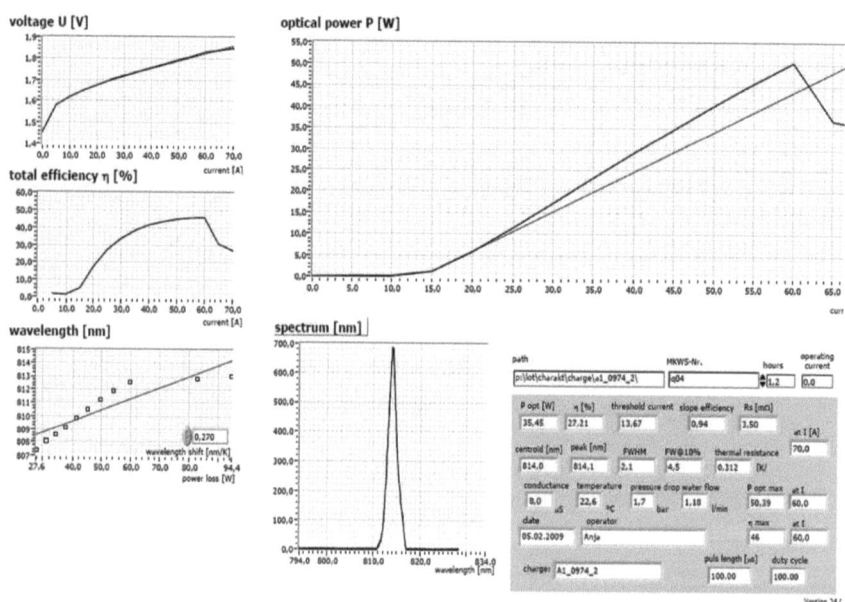

Abbildung 7-8: Datenblatt der elektro-optischen Charakterisierung einer SLM-Wärmesenke

Das Abknicken der optischen Leistungskurve bei ca. 60 A in Abbildung 7-8 ist begründet in einer zu großen thermischen Last, die nicht ausreichend abgeführt werden kann. Verwendet wird ein Laserbarren mit einer Belegungsdichte von 50 % und einer Resonatorlänge R_L von 1,2 mm.

Erste Versuche auf verkupferten Wärmesenken zeigen einen deutlichen Anstieg der Kühlleistung. Bei Laserbarren mit einer Resonatorlänge R_L von 2 mm und einer Belegungsdichte von 50 %, werden optische Ausgangsleistungen P_{opt} von mehr als 130 W realisiert. Der thermische Widerstand R_{th} liegt zwischen 0,4 und 0,5 K/W bei einem Durchfluss von 0,5 l/min. Die Endbearbeitung der Wärmesenken (Ultrapräzisionsbearbeitung) ist aufgrund der Verkupferung leicht umsetzbar. Allerdings ist die Schichtdicke des Kupfers durch den Galvanikprozess nur ungenau bestimmbar (Abbildung 7-9). Die Streuung liegt im Bereich von 20 bis 50 µm. Dies erschwert das Abtragen der Kupferschicht auf eine notwendige Restdicke von 100 µm und hat Schwankungen hinsichtlich des thermischen Ausdehnungskoeffizienten α und des thermischen Widerstandes R_{th} zur Folge.

Abbildung 7-9: Verkupferte und vergoldete SLM-Wärmesenken mit montiertem Laserbarren

7.2.3 Mikro-Metallpulverspritzguss Wärmesenke

Die fertiggestellten Wärmesenken sind im Vergleich zu den berechneten Wärmesenken hinsichtlich der Wanddicke zwischen Wasser und Laserbarren doppelt so dick. Sie weisen einen Abstand vom Kühlwasser zum Laserbarren von ca. 0,6 mm auf, gegenüber 0,3 mm in den Berechnungen. Die

Wärmesenke hat nach der Bearbeitung eine Bauteilhöhe von 2,7 mm gegenüber 3 mm nach dem Sinterungsprozess. Dennoch ist von einer ausreichenden Kühlleistung der Wärmesenke auszugehen. Die Oberflächenbeschaffenheit ist nicht vergleichbar mit ultrapräzisionsgefertigten Kupferwärmesenken, die Güte der Oberfläche ist aber ausreichend für die Montage.

Abbildung 7-10: Im Silberdiffusionslötprozess hergestellte µ-MIM Wärmesenke mit montiertem Laserbarren

Nur auf diese Variante der µ-MIM Wärmesenke werden Laserbarren mit AuSn-Lot montiert. Der Montage des n-Kontakt Bleches aus Kupfer erfolgt mit InSn-Lot.

Die im Rahmen der elektro-optischen Charakterisierung erzielten Ergebnisse entsprechen der Annahme. Für einen Laserbarren mit einer Resonatorlänge L_R von 2,5 mm und einer Belegungsdichte von 50% werden thermische Widerstände von R_{th} = 0,4 K/W erreicht bei einem Durchfluss von 0,6 l/min (Abbildung B-5). Dies entspricht einem thermischen Widerstand von R_{th} = 0,5 K/W für einen Laserbarren mit der Resonatorlänge R_L = 2 mm und damit dem berechneten Wert aus Kap. 4.2.3. [73]. Die 9 Kühlkanäle innerhalb der Wärmesenke führen die Verlustleistung wie in den Berechnungen simuliert, ausreichend ab. Im Vergleich zu klassischen Mikrokanalwärmesenken aus reinem Kupfer, mit einer Kühlkanalbreite < 200 µm werden keine Unterschiede gemessen. Die Smile Messungen zeigen eine Deformation von 1 - 5 µm, wobei dies auf die mechanische Nachbearbeitung der

Wärmesenken zurückzuführen ist. Eine Möglichkeit zur Verbesserung des thermischen Widerstandes R_{th} ist die Reduzierung der Wanddicke, insbesondere zwischen Laserbarren und Kühlwasser. Diese Maßnahme kann einen thermischer Widerstand R_{th} von ca. 0,4 K/W möglichen. Durch eine Anpassung des Designs der Wärmesenke bzw. der Spritzgussbauteile scheint auch die Verwendung von WCu90/10 möglich, sowie der Co-Sinterungsprozess.

8 Zusammenfassung und Ausblick

In dieser Arbeit sind sechs neue Wärmesenken basierend auf fünf verschiedene Herstellungsverfahren und fünf unterschiedlichen Materialien bzw. Materialkombinationen entwickelt und numerisch, sowie experimentell untersucht worden. Jede Wärmesenke hat dabei individuelle Anforderungen hinsichtlich der Auslegung zu erfüllen. Im Vergleich zu den bestehenden Konzepten ist die zentrale Aufgabe bei allen Entwicklungen auf die Anpassung des thermischen Ausdehnungskoeffizienten α zwischen Laserbarren (z.B. GaAs 6,8 ppm/K) und der Wärmesenke gelegt worden. Hinsichtlich der Verbesserung von passiven Wärmesenken ist auch die Verringerung des thermischen Widerstandes R_{th} ein wesentliches Ziel. Der aus Rekordversuchen bekannte Ansatz beidseitiger Kühlung wurde auf passive Wärmesenken übertragen. Dabei wurde ein thermischer Widerstand R_{th} von 0,5 K/W und ein thermischer Ausdehnungskoeffizient α von 7 ppm/K gemessen. Diese Ergebnisse sind vergleichbar mit denen aktiver Wärmesenken. Dies eröffnet eine weiteres Spektrum an Anwendungen (z.B. Medizintechnik), die mittlere bis große optische Leistungen P_{opt} erfordern, aber keine Wasserkühlung erlauben und insofern bis dato nicht umgesetzt werden konnten. Das entwickelte Design eignet sich für große Stückzahlen (> 100.000 pro Jahr) und befindet sich in der nächsten Stufe zur industriellen Fertigung.

Weniger unter dem Aspekt der Verbesserung des thermischen Widerstandes R_{th}, als vielmehr als kostengünstige Alternative zu dem weitverbreiteten Ansatz einer Kupferwärmesenke, ist eine Wärmesenke im Molybdän Kupfer Schichtaufbau entwickelt worden. Dieses Konzept erreicht einen thermischen Ausdehnungskoeffizient α von 9 ppm/K. Der thermische Widerstand R_{th} ist jedoch mit 1 K/W größer als bei einer klassischen Kupferwärmesenke. Mögliches Einsatzgebiet können Anwendungen sein, bei denen die thermische Verlustleistung P_{therm} gering ist und die Notwendigkeit besteht, ohne weitere Montageschritte die thermische Ausdehnung von Wärmesenke zu Laserbarren anzupassen.

Mit Silizium Carbid Diamant (SCD) ist in dieser Arbeit ein Diamant Komposite Werkstoff untersucht worden. Die FEM-Berechnungen dazu zeigen, dass es aufgrund der thermischen Eigenschaften theoretisch gut für den Einsatz als Wärmesenke eignen würde. In der experimentellen Umsetzung wurde deutlich, dass die zur Laserbarrenmontage notwendigen Randbedingungen, sowie Metallisierung und Oberflächenbeschaffenheit noch nicht ausreichend umsetzbar sind.

Für Anwendungen, die sehr große optische Leistungen ($P_{opt} > 100$ W) erfordern, sind Lebensdauer und Kühlleistung von Bedeutung. In diesem Bereich werden aktive wassergekühlte Mikrokanalwärmesenken eingesetzt. Drei mögliche Konzepte wurden im Rahmen dieser Arbeit entwickelt. Ein Schichtaufbau aus Kupfer und Molybdän, der über den Anteil des Molybdäns den thermischen Ausdehnungskoeffizienten α steuert, wurde nummerisch ausgelegt. Der experimentell gemessene Wert ist für den thermischen Widerstand R_{th} bei 0,5 K/W und für den thermischen Ausdehnungskoeffizienten α bei 8 ppm/K. Von den Abmessungen und der Handhabung her weicht dieses Konzept nicht von den bestehenden aktiven Wärmesenken aus reinem Kupfer ab und führt bereits zu deren Substitution in der Industrie.

Weiterhin wurde das für die ökonomische Massenproduktion geeignete Mikro-Metallpulverspritzguss (μ-MIM) als Fertigungsverfahren für Wärmesenken untersucht. Dieses Verfahren ist in der Lage, die Kühlstrukturen einer Mikrokanalwärmesenke hochpräzise abzuformen. Zum Herstellen der Wärmesenke wurde ein Konzept bestehend aus drei Bauteilen entworfen. Mit diesem Ansatz wird ein thermischer Ausdehnungskoeffizient α von 8,7 ppm/K und ein thermischer Widerstand R_{th} von 0,5 K/W gemessen. Durch die Reduzierung der Wanddicke zwischen Laserbarren und

Kühlwasser kann der thermische Widerstand R_{th} weiter verringert werden. Die Werte sind vergleichbar mit derzeit bestehenden Lösungen bei deutlich reduzierten Herstellungskosten. Eine weitere Iteration in der Entwicklung ist dafür nötig.

Eine weitere aktive Wärmesenke wurde mittels des generativen Fertigungsverfahrens Selective Laser Melting (SLM) hergestellt. In der Kombination von Werkstoffen wie z.B. Nickel und Chrom ist eine Mikrokanalwärmesenke entwickelt worden. Diese erreicht einen thermischen Ausdehnungskoeffizienten α von 8 ppm/K und einen thermischen Widerstand R_{th} von 0,5 K/W. Zur Verbesserung der Montage des Laserbarrens hat die Wärmesenke eine zusätzliche Kupferummantelung erhalten, so dass die Metallisierung und die Montage mit AuSn-Lot mittels etablierter Prozesse durchgeführt werden kann. Die Reproduzierbarkeit der Ergebnisse für die Serienfertigung ist der nächste Schritt dieses Konzeptes.

Bei den aktiven Wärmesenken wird deutlich, dass Werkstoffe wie Wolfram, Chrom oder Molybdän nur im Zusammenspiel mit Kupfer als Wärmesenkenmaterial geeignet sind. Die SLM und MoCu Wärmesenken haben abschließend eine Kupferschicht, auf der der Laserbarren montiert wird. Das Kupfer vereinfacht die Bearbeitung und die Laserbarrenmontage, vergrößert aber auch den thermischen Ausdehnungskoeffizienten α über den geforderten Wert von 6,8 ppm/K. Beim µ-MIM ist gegenwärtig noch eine größere Zumischung von Kupfer zum Wolfram für den Sinterprozess notwendig. Weitere Parameterstudien im Prozess und Design sollten es ermöglichen, die thermisch ausdehnungsangepasste Legierung WCu90/10 umzusetzen. Das Fertigungsverfahren hat das Potential die Kosten für die aktive Wärmesenken um 50 %-70 % zu reduzieren, bei gleichzeitig angepasstem thermischen Ausdehnungskoeffizienten α.

In Abbildung 8-1 ist die Umsetzung der jeweiligen Zielvorgaben dargestellt. Das Diagramm veranschaulicht, dass jeder Wärmesenkentyp unterschiedliche Anforderungen zu erfüllen hat, hebt die jeweiligen Stärken hervor und ermöglicht ein Vergleich mit den anderen entwickelten Wärmesenkentypen. Eine allumfassende Lösung ist nicht verfügbar.

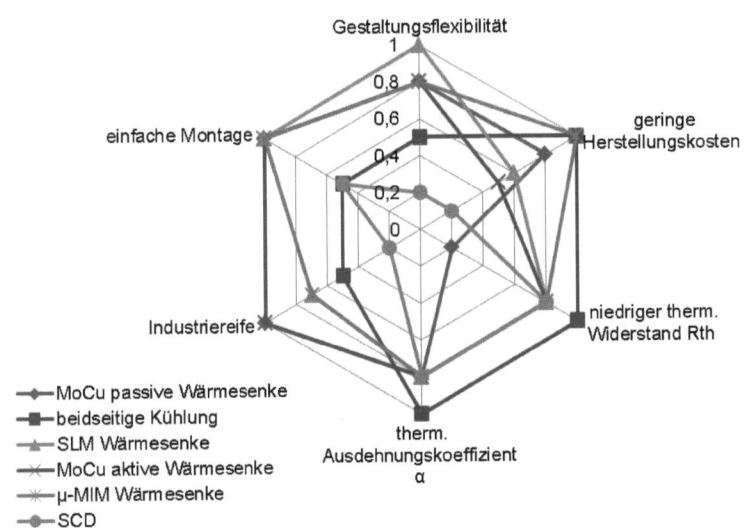

Abbildung 8-1: Umsetzung der Zielvorgaben der verschiedenen Wärmesenken. Der Wert 1 entspricht erfüllt, der Wert 0 bedeutet nicht erfüllt

Derzeit sieht die Laserindustrie Diodenlaser immer noch am Beginn ihrer Entwicklung. Für die wachsenden bzw. neu entstehenden Anwendungsfelder werden weitere Wärmesenkentypen benötigt. Im Zuge dessen werden Stückzahlen und Kosten zur Herstellung von Wärmesenken eine wachsende Bedeutung erlangen. Ebenso die Verbesserung der Kühlleistung bei gleichzeitig steigender Effizienz des Laserbarrens und Lebensdauer des Diodenlasers. Bei einzelnen Anwendungen wird ein Wechsel von aktiver zu passiver Wärmesenke möglich sein, da diese auch die thermischen Anforderungen erfüllen. Parallel werden z.B. für die hybride Integration von Mikrooptikkomponenten an eine Wärmesenke konstruktive Anpassungen nötig sein.

Anhang

A Glossar

µ-MIM	Mikro-Metallpulverspritzguss
µ-PL	Mikro-Photolumineszenz
Ag	Silber
AlN	Aluminiunitrid
AuSn	eutektischen Gold – Zinn 80/20
CAD	Computer-Aided Design
CFD	Computational Fluid Dynamics
Cr	Chrom
Cu	Kupfer
cw	Continuous wave
DCB	Direct copper bonding
DoP	Degree of Polarisation
EDX	Energiedispersive Röntgenspektroskopie
ESPI	Elektronische Speckle Interferometrie
FEM	Finite Element Methode
GaAs	Galliumarsenid
Ge	Germanium
HLDL	Hochleistungsdiodenlaser
In	Indium
InSn	Indium - Zinn

Mo	Molybdän
Ni	Nickel
PIV	Particle Image Velocimetry
P_{opt}	Optische Leistung
ppm	Parts per million
PSP	Polyamid Seeding Particles
Pt	Platin
P_{therm}	Thermische Verlustleistung
PVD	Physical Vapour Deposition (physikalische Gasphasenabscheidung)
Q	Durchfluss
R_a	Mittenrauwert
REM	Rasterelektronenmikroskop
R_L	Resonatorlänge
R_{th}	Thermischer Widerstand
R_z	Gemittelte Rautiefe
SCD	Siliziumcarbid Diamant
Si	Silizium
SLM	Selective Laser Melting
T_L	Schmelztemperatur
W	Wolfram
V	Strömungsgeschwindigkeit
α	Thermischer Ausdehnungskoeffizient
$α_T$	Temperaturleitfähigkeit
$α_{Wü}$	Wärmeübergangskoeffizient

η	Effizienz
κ	Wärmeleitfähigkeit
λ	Wellenlänge

B Ergebnisse elektro-optische Charakterisierung

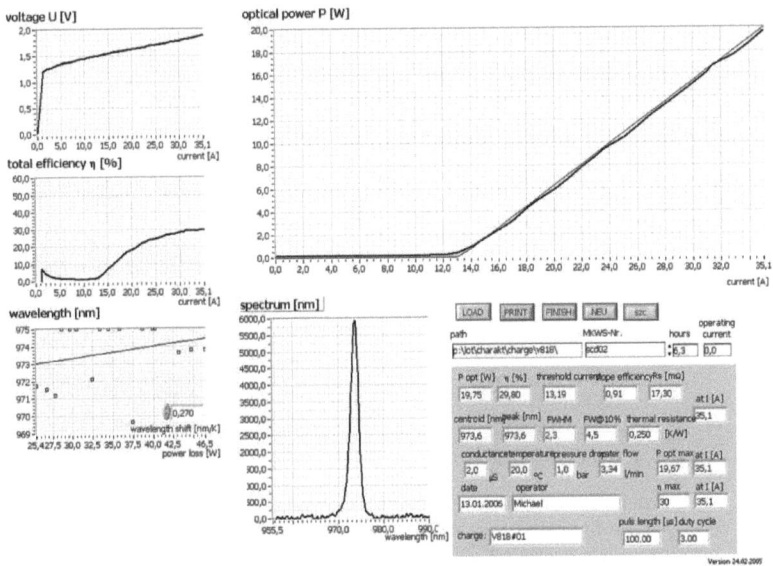

Abbildung B-1: Datenblatt der elektro-optischen Charakterisierung eines auf einer SCD Wärmesenke montierten Laserbarrens mit einer Breite von 6 mm. (7.1.1)

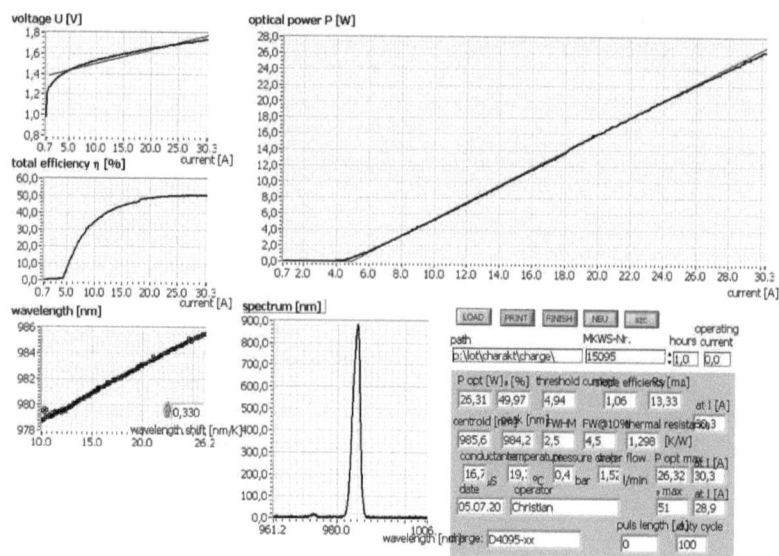

Abbildung B-1: Datenblatt der elektro-optischen Charakterisierung eines auf einer MoCu Wärmesenke montierten Laserbarren mit einer Dicke von 8 mm (7.1.2)

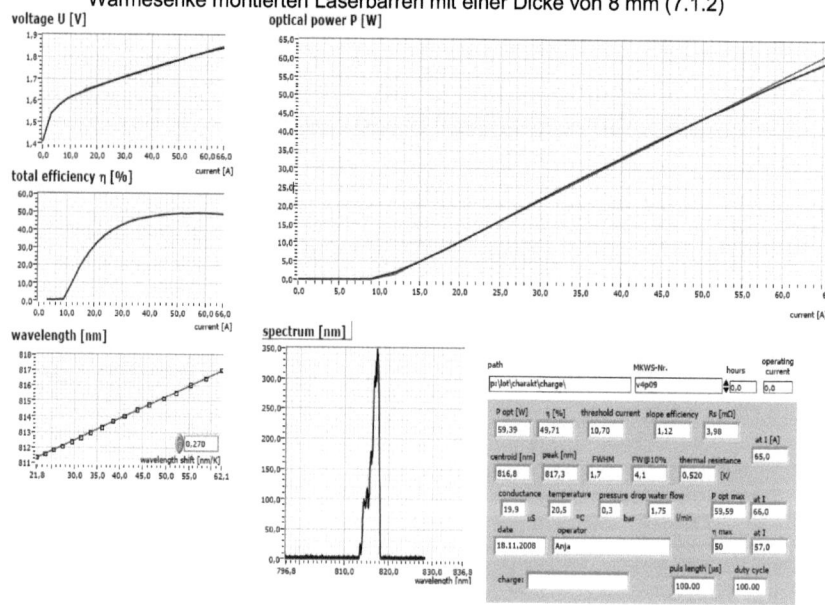

Abbildung B-2: Datenblatt der elektro-optischen Charakterisierung eines beidseitig gekühlten Laserbarrens (7.1.3)

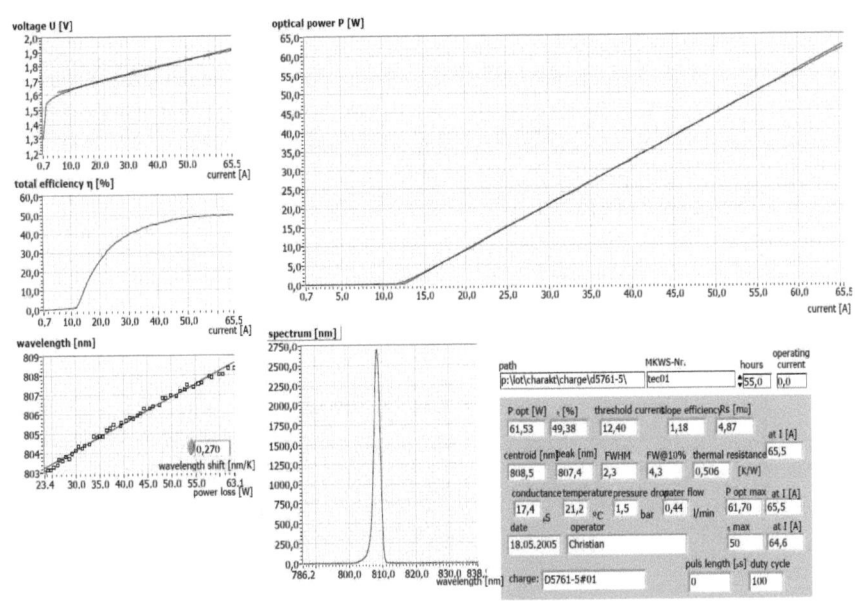

Abbildung B-3: Datenblatt der elektro-optischen Charakterisierung einer aktiven MoCu Wärmesenke (7.2.1)

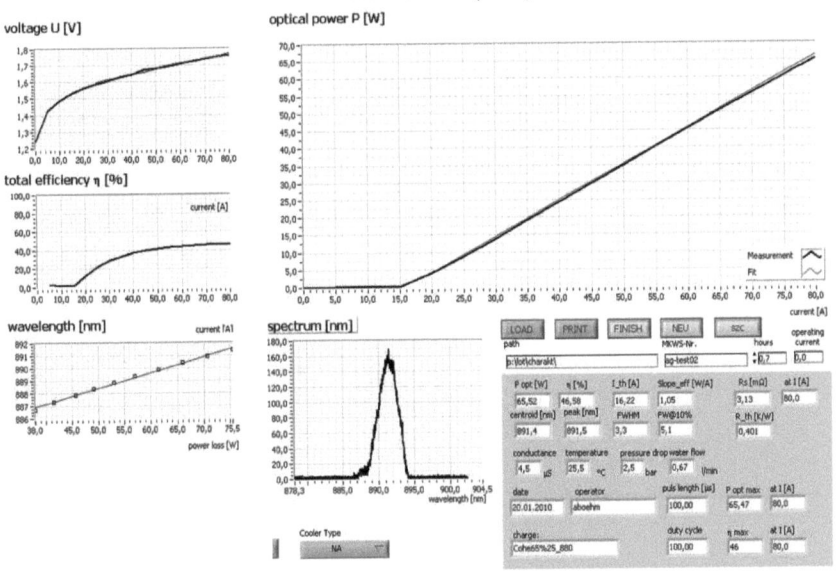

Abbildung B-4: Datenblatt der elektro-optischen Charakterisierung einer SLM-Wärmesenke (7.2.2)

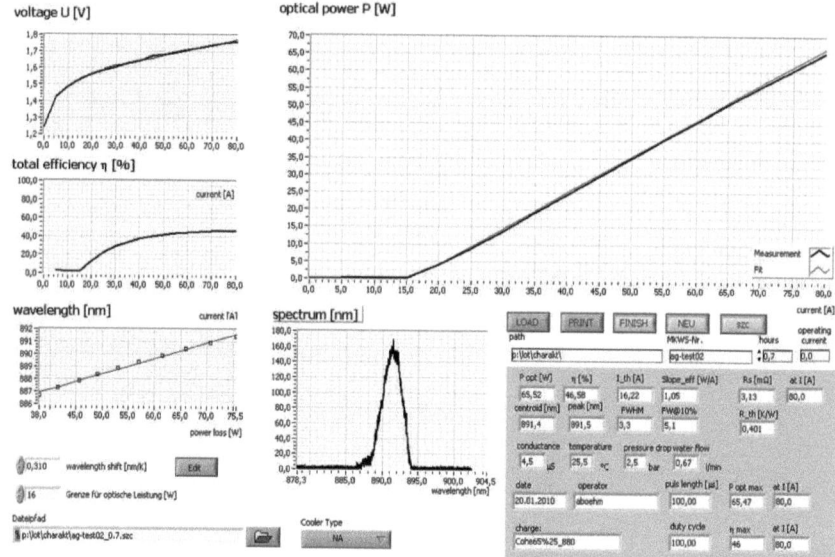

Abbildung B-5: Datenblatt der elektro-optischen Charakterisierung einer µ-MIM Wärmesenke (7.2.3)

C Ergebnisse der FEM-Berechnungen

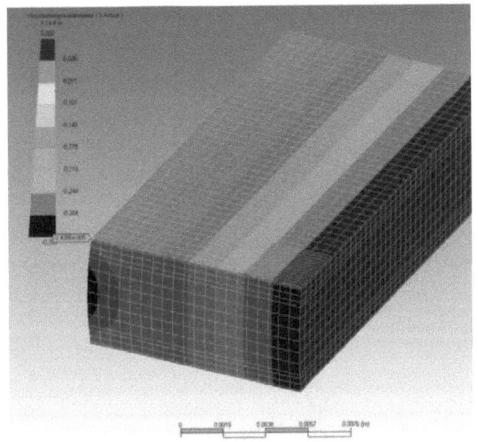

Abbildung C-6: MoCu passive Wärmesenke: Berechnung der thermische Ausdehnung mit halbiertem Modell und grober Vernetzung (ca. 35.000 Elemente)

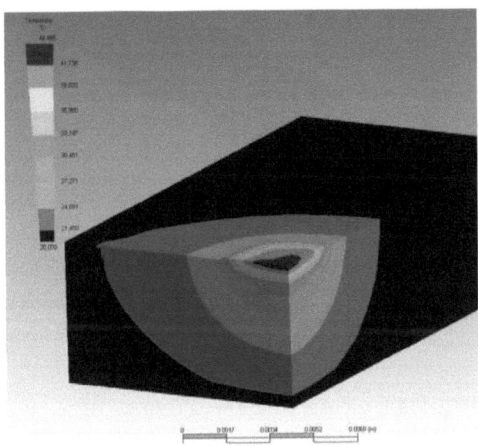

Abbildung C-7: Berechnung der Temperaturverteilung bei einer thermischen Verlustleistung von P_{therm} = 60 W für einen Laserbarren mit Resonatorlänge $R_{L'}$ = 1,2 mm

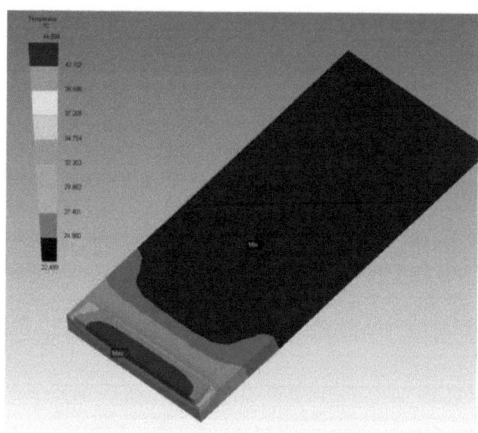

Abbildung C-8: MoCu Wärmesenke: max. Temperatur ca. 45 °C bei einer thermischen Verlustleistung von P_{therm}= 50 W, Resonatorlänge R_L = 1,2mm, 50% Füllfaktor

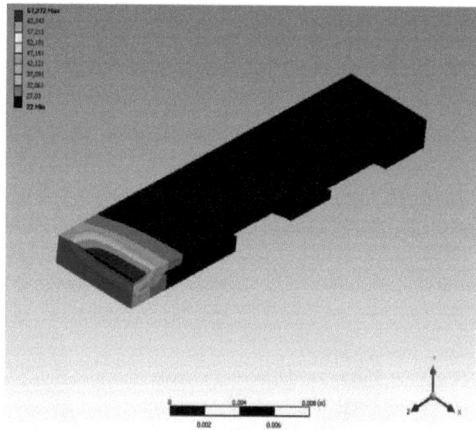

Abbildung C-9: MoCu Wärmesenke: max. Temperatur ca. 67 °C bei einer thermischen Verlustleistung von P_{therm} = 150 W, Resonatorlänge R_L = 2 mm, 50% Füllfaktor

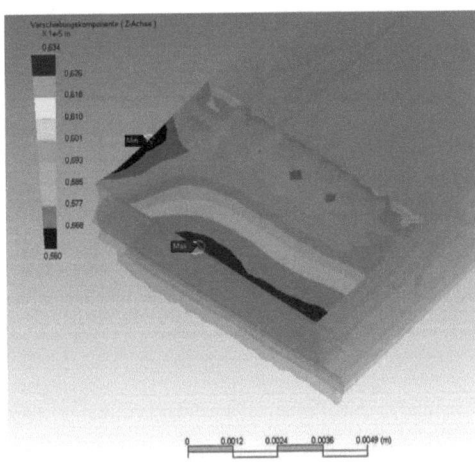

Abbildung C-10: MoCu Wärmesenke: Berechnung der thermischen Ausdehnung in z-Richtung(Smile) bei einem dT von 260 °C Schichtdicke Kupfer, Top d = 0,1mm, Ausdehnung dl = 0,6 µm

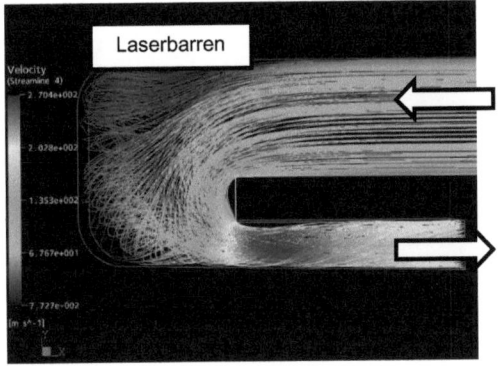

Abbildung C-11: MoCu Wärmesenke: Visualisierung der Strömung im Umlenkbereich. Die dunkelblauen Linien zeigen in unmittelbarer Nähe zum Laserbarren nur eine geringe Strömungsgeschwindigkeit.

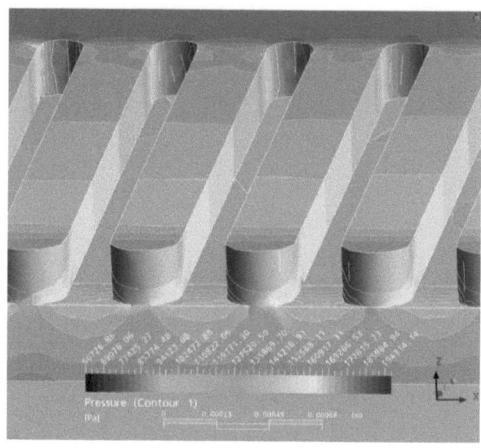

Abbildung C-12: Strömungsberechnungen der Druckverteilung in der Kühlstruktur der SLM Wärmesenke

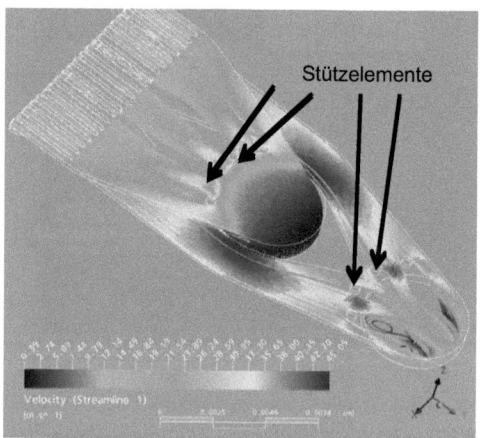

Abbildung C-13: MoCu Wärmesenke: Visualisierung der Strömungsgeschwindigkeit in der gesamten Wärmesenke. Stützelemente in Ein- und Auslauf verursachen Turbulenzen und Totwassergebiete

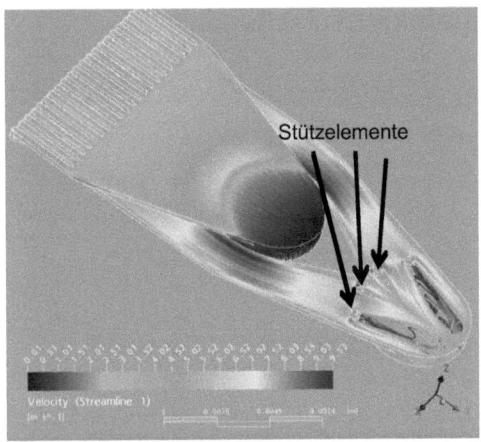

Abbildung C9-14: MoCu Wärmesenke: Visualisierung der Strömungsgeschwindigkeit in der gesamten Wärmesenke. Stützelemente im Auslauf verursachen Turbulenzen und Totwassergebiete. Im Einlaufbereich ist die Geschwindigkeit homogen.

D Materialeigenschaften

Sauerstofffreies Kupfer Cu-OFE [74]

Dichte 20°C	8,94 g/cm³
Thermischer Ausdehnungskoeffizient 20 -100°C	17 ppm/K
Thermischer Ausdehnungskoeffizient 20 -200°C	17,3 ppm/K
Thermischer Ausdehnungskoeffizient 20 -300°C	17,7 ppm/K
Schmelzpunkt	1083 °C
Wärmeleitfähigkeit 20°C	393 W/(m·K)
Wärmeleitfähigkeit 100°C	386 W/(m·K)
Wärmeleitfähigkeit 200°C	381 W/(m·K)
spezifische Wärmekapazität 20°C	386 J/(kg·K)
Dehnfestigkeit	300 MPa
E-Modul 20°C	118 GPa
Poisson-Zahl	0,34
Schubmodul	48 GPa
El. Widerstand	1,7 nΩ·m

Galliumarsenid – GaAs [75]

Dichte 20°C	5,316 g/cm³
Thermischer Ausdehnungskoeffizient 20 -100°C	6,86 ppm/K
Schmelzpunkt	1238 °C
Wärmeleitfähigkeit 20°C	46 W/(m·K)
spezifische Wärmekapazität 20°C	350 J/(kg·K)
Dehnfestigkeit	300 MPa
E-Modul 20°C	1 0 0 85 GPa 1 1 0 121 GPa 1 1 1 140 GPa
Poisson-Zahl	1 0 0 0,31 [76]
Schubmodul	32,8 GPa [76]

Gold-Zinn Lot AuSn 80/20 [29, 38]

Dichte 20°C	14,7 g/cm³
Thermischer Ausdehnungskoeffizient 20 -100°C	16 ppm/K
Schmelzpunkt	280 °C
Wärmeleitfähigkeit 300 K	58 W/(m·K)
Dehnfestigkeit	275 MPa
E-Modul 20°C	68 GPa

Poisson-Zahl	0,405
Schubmodul	25 GPa
El. Widerstand	16 nΩ·m

Indium - Lot [77, 29]

Dichte 20°C	7,30 g/cm³
Thermischer Ausdehnungskoeffizient 20 -100°C	24.8 ppm/K
Schmelzpunkt	156,6 °C
Siedetemperatur	2072 °C
spezifische Wärmekapazität 20°C	233 J/(kg·K)
Wärmeleitfähigkeit 300 K	81,8 W/(m·K)
Dehnfestigkeit	1,6 MPa 295K 15,0 Mpa 76K 31,9 Mpa 4K
Druckfestigkeit	2,14 MPa
E-Modul 20°C	12,7 GPa
Poisson-Zahl	0,45
El. Widerstand	8,8 nΩ·m

Molybdän [78]

Dichte 20°C	10,2 g/cm³
Thermischer Ausdehnungskoeffizient 20°C	4,9 ppm/K
Wärmeleitfähigkeit 300 K	142 W/(m·K)
Dehnfestigkeit	400-700 MPa WHS
E-Modul 20°C	330 GPa WHS
Poisson-Zahl	0,3
El. Widerstand 20 °C	56 nΩ·m

Wolfram – Kupfer W90Cu10 [79]

Dichte 20°C	7,5 g/cm³
Thermischer Ausdehnungskoeffizient 20°C	6,4 ppm/K
Wärmeleitfähigkeit 300 K	170 W/(m·K)
Dehnfestigkeit	275 MPa
E-Modul 20°C	290 GPa WHS
El. Widerstand 20 °C	56 nΩ·m

Wolfram [80]

Dichte 20°C	19.3 g/cm³
Thermischer Ausdehnungskoeffizient 20°C	4,5 ppm/K
Wärmeleitfähigkeit 300 K	167 W/(m·K)
Schmelztemperatur	3422 °C
E-Modul 20°C	407 GPa WHS
El. Widerstand 20 °C	55 nΩ·m

Chrom [81]

Dichte 20°C	7,14 g/cm³
Thermischer Ausdehnungskoeffizient 20°C	6,2 ppm/K
Wärmeleitfähigkeit 300 K	94 W/(m·K)
spezifische Wärmekapazität 25°C	518 J/(kg·K)
Schmelztemperatur	1907 °C
Poisson-Zahl	0,21
E-Modul 20°C	279 GPa

Nickel [61]

Dichte 20°C	8,9 g/cm³
Thermischer Ausdehnungskoeffizient 20°C	13,3 ppm/K
Wärmeleitfähigkeit 300 K	92 W/(m·K)
spezifische Wärmekapazität 25°C	444 J/(kg·K)
Schmelztemperatur	1453 °C
Poisson-Zahl	0,31
E-Modul 20°C	216 GPa

Aluminiumnitrid [53]

Dichte 20°C	3,3 g/cm³
Thermischer Ausdehnungskoeffizient 20°C	4,4 ppm/K
Wärmeleitfähigkeit 300 K	175-190 W/mK
spezifische Wärmekapazität 25°C	800 J/kgK

E Literaturverzeichnis

[1] Strategies unlimited, „The Worldwide Market for Lasers: Market Review and Forecast—2012", Penn Well, San Jose, Kalifornien, USA, 2012.

[2] G. Bonati, „Prospects for the Diode Laser Market", *Laser Technik Journal,* April 2010.

[3] R. Poprawe, „Part 1 – Coherent Light: From Chips to Ships", *Laser Technik Journal,* p. 31–36, April 2010.

[4] D. Schröder, „Improved laser diode for high power and high temperature applications", *Proc. SPIE Vol. 7198,* San Francisco, USA, 2009.

[5] J. Biesenbach, „Konfektionierung von Hochleistungs-Diodenlasern", Aachen: Shaker Verlag, 2002.

[6] E. Stephens, „Laser diode packaging", USA Patent U.S. Patent 6,636,538, 2003.

[7] E. Stephens, „Laser diode package with heat sink", USA Patent U.S. Patent 6,310,900, 2001.

[8] T. Westphalen, „Emitter resolved analysis of packaged laser bars",*Proc. SPIE Vol. 6876,* San Jose, USA, 2008.

[9] C. H. Zweben, „New material options for high-power diode laser packaging", *Proc. SPIE Vol. 5336,* San Jose, USA, 2004.

[10] D. Lorenzen, „Methoden zur zuverlässigkeitsorientierten

Optimierung der Aufbau- und Verbindungstechnik von Hochleistungs-Diodenlaserbarren", Berlin: Dr. Koesters Verlag, 2003.

[11] R. Diehl, „High-Power Diode Lasers, Fundamentals, Technology, Applications", Springer Verlag, 2000.

[12] M. Weyers, „GaAs-based high power laser diodes", in *11th European Workshop on MOVPE*, Lausanne, Schweiz, 2005.

[13] D. Lorenzen, „Passively cooled diode lasers in the cw power range of 120 to 200W", *Proc. SPIE, Vol. 6876*, San Jose, USA, 2008.

[14] D. Schleuning, „Robust hard-solder packaging of conduction cooled laser diode bars," *Proc. of SPIE Vol. 6456*, San Jose, USA, 2007.

[15] M. Behringer, „High-Power Diode Laser Technology and Characteristics", in *High-power diode lasers – technology and applications*, Berlin , Springer, 2007.

[16] V. Krause, „Microchannel coolers for high-power laser diodes in copper technology", *Proc. SPIE Vol. 2148*, San Jose, USA 1994.

[17] P. Loosen, „Cooling and packaging of high-power diode lasers", in *High-Power Diode Lasers. Fundamentals, Technology, Applications*, Berlin, Springer, 2000.

[18] C. Scholz, „Thermal and mechanical optimization of diode laser bar packaging", Aachen, 2007.

[19] K. Boucke, „Packaging of Diode Laser Bars", in *High Power Diode Lasers*, Springer Verlag, 2007.

[20] K. Unger, „Controlling diode laser bar temperature by micro channel liquid cooling", *Proc. SPIE Vol. 3825*, San Jose, USA, 1999.

[21] J. Haake, „Requirements for Long Life Micro-Channel Coolers for Direct Diode Laser Systems", *Proc. SPIE vol. 5711*, San Jose, USA, 2005.

[22] J. Miesner, „Fully automated packaging of high-power diode laser bars", in *58th Electronic Components and Technology Conference ECTC*, Orlando, USA, 2008.

[23] N. Boenig, „Automatisierung von Montageanlagen für Hochleistungsdiodenlaser," Aachen: Books on demand, 2008.

[24] J. Biesenbach, W. Neff, K. Pochner, U. Strang, P. Loosen, „Verfahren und Vorrichtung zum Herstellen oxidationsempfindlicher Lötverbindungen". Deutschland Patent DE 196 54 250, 1998.

[25] P. Lambracht, „Materialwissenschaftliche Aspekte bei der Entwicklung bleifreier Lotlegierungen", Darmstadt, 2002.

[26] D. Lorenzen, „Comparative performance studies of indium and gold-tin packaged diode laser bars," *Proc. SPIE Vol. 6104*, San Jose, USA, 2006.

[27] M. Hutter, „Verbindungstechnik höchster Zuverlässigkeit für optoelektronische Komponenten", Berlin: Fraunhofer Verlag, 2009.

[28] J. Lau und W. Dauksher, „Thermal stress analysis of a flip-chip parallel VCSEL", in *Proc. 56th Electronic Components and Technology*, San Diego, USA, 2006.

[29] Indium Corporation of America, „Solder Alloy Physical Properties Table", [Online]. Available: http://www.indium.com/products. [Zugriff Mai 2009].

[30] C. C. Lee, „Fluxless bonding technology for high power laser diode arrays",Final
Report 1998-99 for MICRO Project 98-089, 1998.

[31] H. Schoeller, „Oxidation and reduction behavior of pure indium", *Journal of Material Research, Vol. 24*, pp. 386-393, 2009.

[32] H. Okamoto, „Phase diagram of binary gold alloys", in *ASM International, Metals Park*, Ohio,, USA, 1987.

[33] K. Mizuishi, „Some aspects of bonding-solder deterioration observed in longlived", *Journal of Applied Physics, Vol. 55*, pp. 289-295, 1984.

[34] O. Wittler, H. Walter, R. Dudek, W. Faust, W. Jun und B. Michel, „Deformation and fatigue behaviour of AuSn interconnects", *Proc. Electronic Packaging Technology Conference*, Singapore, 2006.

[35] G. Humpston, „Principles of soldering," ASM International, 2004.

[36] W. Pittroff, „Mounting of Laser Bars on Copper Heat sinks Using Au/Sn Solder and CuW Submounts", *Proc. 52nd Electronic Components and Technology Conference*, San Diego, USA, 2002.

[37] S. Weiß, „Fluxless die bonding of high power laser bars using the AuSn-metallurgy", *Proc. 47th Electronic Components and Technology Conference*, USA 1997.

[38] G. Blasek, „Lotwerkstoffe auf Indiumbasis – Eigenschaften Kristallwachstum intermetallischer Verbindungen", VDI Verlag, 1992.

[39] J. Hostetler, „Thermal and strain characteristics of high-power 940 nm laser arrays mounted with AuSn and In solders",*Proc. SPIE Vol. 6456*, San Jose, USA, 2007.

[40] J. W. Tomm, „Diode laser testing by taking advantage of its photoelectric properties", in *Proceedings of SPIE Vol. 4648,*, San Jose, USA, 2002.

[41] K. Boucke, „Reduction of external stresses by improved packaging techniques", in *Quantum-Well Laser Array Packaging*, New York, USA, McGraw-Hill, 2006.

[42] M. Ziegler, „Real-time thermal imaging of catastrophic optical damage in red-emitting high-power diode lasers", *Applied Physics Letters*, 13. März 1992.

[43] S. Prasad, „Advanced Wirebond Interconnection Technology", New York: Kluwer Academic Publishers, 2004.

[44] G. Harman, „Wire Bonding in Microelectronics", New York, USA: McGraw-Hill Professional, 2010.

[45] J. Hughes, „Measurement of the Thermal Resistant of Packaged Laser Diodes", *RCA Review, Vol. 46*, pp. 200-213, Juni 1985.

[46] C. Scholz, „Investigation of indium solder interfaces for high-power diode lasers", *Proc. SPIE Vol. 4973*, San Jose, USA, 2003.

[47] G. Bir, „Symmetry and strain-induced effects in Semiconductors", John Wiley & Sons, New York, USA, 1974.

[48] M. L. Biermann, „Spectroscopic method of strain analysis in semiconductor quantum-well devices", *J. Appl. Phys. 96*, pp. 4056-4065, 2004.

[49] H. Kissel, „A comprehensive reliability study of high-power 808 nm laser diodes mounted with AuSn and indium", *Proc. SPIE Vol. 6876*, San Jose, USA, 2008.

[50] W. Schröder, „Fluidmechanik", Aachen, 2000.

[51] S. Weiß, „Mounting of High Power Diode Laser on Diamond Heatsinks", in *IEEE Transactions on components, packaging, and manufacturing technology-part A, Vol. 19, No. 1*, 1996.

[52] A. Luedtke, „Thermal Management Materials for High-Performance Applications", *Advanced engineering materials*, pp. 142 - 144, 2004.

[53] Sumitomo Electric Industrie, LTD:, Mai 2006. [Online]. Available: http://www.sumitomoelectricusa.com. [Zugriff Mai 2006].

[54] Element Six N.V., „The Properties of CVD Diamond," [Online]. Available: http://www.e6.com/en/education/materialsresourcecentre/materials properties/thepropertiesofcvddiamond/. [Zugriff Juni 2010].

[55] Element Six N.V., „SCD (silicon cemented diamond)," [Online]. Available: http://www.e6.com/wps/wcm/connect/E6_Content_EN/Home/Materials +and+products/SCD+silicon+cemented+diamond/. [Zugriff am 28. Juni 2012].

[56] X. Liu, „Comparison between Epi-Down and Epi-Up Bonded High Power Single-Mode 980 nm Semiconductor Lasers", *IEEE Transactions on Advanced Packaging,* pp. 640-646, 2004.

[57] Goodfellow, „Aluminiumnitrid Materialinformationen", 2008-2012. [Online]. Available: http://www.goodfellow.com/G/Aluminiumnitrid%27.html. [Zugriff Juli 2012].

[58] T. Ebert, „Non-corrosive micro coolers with matched CTE", *Proc. SPIE Vol. 6456,* San Jose, USA, 2007.

[59] W. Meiners, A. Gasser, K. Wissenbach, „A Device and method for the Prepartion of building components from a combination of materials", Deutschland Patent EP1198341, 3 12 2003.

[60] Goodfellow, „Goodfellow Chrom", 2008. [Online]. Available: http://www.goodfellow.com/G/Chrom.html. [Zugriff Mai 2012].

[61] Goodfellow, „Goodfellow Materialeigenschaften Nickel", 2008. [Online]. Available: http://www.goodfellow.com/G/Nickel.html. [Zugriff Mai 2012].

[62] T. Hartwig, „Micro Powder Metallurgy for Micropart Production", in *Proc. 6th Int. Conf. on Micro Electro, Opto. Mechanical Systems and Components,* Postdam, 1998.

[63] T. Hartwig, „Miniaturisation of MIM", *Proc. EuroPM 2000 - 2nd European Symposium on Powder Injection Moulding,* München, 2000.

[64] E. Kny, „Properties and Uses of the Pseudobinary Alloys of Cu with Refractory Metals",*Proc. of the 12th Int. Plansee Seminar,* Plansee, Österreich, 1989,.

[65] J. L. Johnson, „Chemically activated liquid phase sintering of tungsten copper", *Int. J. Powder Metall.*, pp. 91-102, 1994.

[66] W. Kingery, „Densification during Sintering in the Presence of a Liquid Phase, I. Theory", *J. of App. Physics,* pp. 301-306, 1959.

[67] H. Schmidt, P. Imgrund, A. Rota, „Micro metal injection moulding for thermal management applications using ultrafine powders", *Powder injection moulding international,* pp. 55-59, 2009.

[68] K. Nishiyabu, K. Kakishita, „Micro Metal Injection Molding Using Hybrid Micro/Nano Powders", *Materials Science Forum,* pp. 381-384, 15. Jan 2007.

[69] PanGas, „Sintern", 2011. [Online]. Available: www.pangas.ch/international/web/lg/ch/likelgchpangasde.nsf/docbyalias/bran_ati_met_wae_sin. [Zugriff Juli 2012].

[70] G. Fu, N. H. Loh, S. B. Tor, B. Y. Tay, „Analysis of demolding in micro metal injection molding", *Microsyst Technol,* p. 554–564, 30 August 2006.

[71] J. Troger, M. Schwarz und A. Jakubowicz, „Measurement Systems for the Investigation of Soldering Quality in High-Power Diode Laser Bars", Journal of lightwave technology, *Vol. 23,* November 2005.

[72] J. W. Tomm, A. Gerhardt, R. Müller, „Spatially resolved spectroscopic strain measurements on high-power laser diode bars", *Journal of applied physics, Volume 93,* 1. Februar 2003.

[73] M. Leers, T. Westphalen, R. Pathak, C. Scholz, „Investigation of n-side cooling in regards to bar geometry and packaging style of diode laser", Proc. SPIE Vol. 7198, San Jose, USA, 2009.

[74] Deutsches Kupferinstitut e.V., „Werkstoff-Datenblatt Cu-OFE - CW009A - Deutsches Kupferinstitut e.V.", 2005. [Online]. Available: www.kupfer-institut.de/front_frame/pdf/Cu-OFE.pdf. [Zugriff Dezember 2011].

[75] G. Gerlach, „Grundlagen der Mikrosystemtechnik", Hanser Lehrbuch, 1996.

[76] M. Levinshtein, „Handbook Series on Semiconductor Parameters", Vol. 1, World Scientific Publishing Company, 1996.

[77] GSFC NASA Advisory, „Indium Solder Encapsulating Gold Bonding Wire Leads to Fragile Gold-Indium Compounds and Unreliable Condition that Result in Wire Interconnection Rupture", Greenbelt, USA: NASA, 2004.

[78] WHS Sondermetalle, „Datenblatt Molybdaen", September 2010. [Online]. Available: whs-sondermetalle.de/pdf/Molybdaen.pdf. [Zugriff Juli 2012].

[79] WHS Sondermetalle, „http://www.whs-sondermetalle.de", 03 2012. [Online]. Available: http://www.whs-sondermetalle.de/pdf/WCu_Wolfram-Kupfer_web.pdf. [Zugriff am Juli 2012].

[80] WHS Sondermetalle „Datenblatt Wolfram", September 2010. [Online]. Available: http://www.whs-sondermetalle.de/pdf/Wolfram.pdf. [Zugriff Juni 2012].

[81] R. Rausch, „Das Periodensystem der Elemente online", 2010. [Online]. Available: http://www.periodensystem-online.de/index.php?id=modify&el=24. [Zugriff Mai 2012].